U0306291

本书技术来源及出版均由公益性行业（农业）科研专项经费项目
"南方地区幼龄草食畜禽饲养技术研究"（项目编号：201303143）资助

南方地区草食畜禽轻简化实用技术100例

● 刁其玉　张乃锋　主编

中国农业科学技术出版社

图书在版编目(CIP)数据

南方地区草食畜禽轻简化实用技术 100 例 / 刁其玉，张乃锋
主编 . —北京：中国农业科学技术出版社，2016.12
ISBN 978-7-5116-2812-1

Ⅰ . ①南… Ⅱ . ①刁… Ⅲ . ①畜禽—饲养管理 Ⅳ . ① S815

中国版本图书馆 CIP 数据核字（2016）第 261540 号

责任编辑 张国锋
责任校对 李向荣

出 版 者 中国农业科学技术出版社
        北京市中关村南大街 12 号 邮编：100081
电 话 （010）82106636（编辑室）（010）82109702（发行部）
        （010）82109709（读者服务部）
传 真 （010）82106631
网 址 http://www.castp.cn
经 销 者 各地新华书店
印 刷 者 北京卡乐富印刷有限公司
开 本 710mm×1 000mm 1 /16
印 张 13
字 数 260 千字
版 次 2016 年 12 月第 1 版 2016 年 12 月第 1 次印刷
定 价 58.00 元

◀━━◆ 版权所有·侵权必究 ◆━━▶

编写人员名单

主 编

刁其玉　张乃锋

副主编（按姓氏笔画排序）

王子玉　杨　琳　欧阳克蕙　屠　焰

谢　明　谢晓红　瞿明仁

参编人员（按姓氏笔画排序）

刁其玉　王子玉　王文策　王世琴

王　翀　邢豫川　任永军　江喜春

李丛艳　杨　琳　张乃锋　欧阳克蕙

孟春花　徐建雄　徐铁山　郭志强

黄艳玲　黄德均　屠　焰　谢　明

谢晓红　雷　岷　魏金涛　瞿明仁

前言

随着我国城镇化的快速推进和城乡居民收入水平不断提升，对优质、安全畜产品的需求不断增加，草食畜禽产品需求较快增长，同时，我国粮食的供求长期处于紧张状态，发展节粮型畜牧业是保障畜产品有效供给、缓解粮食供求矛盾、丰富居民膳食结构的重要途径。统计数据显示，2015年我国牛肉和羊肉的产量分别为700万吨和441万吨，兔和鹅肉产量达到84万吨和140万吨。《全国草食畜牧业发展规划（2016—2020年）》中提出"十三五"时期草食畜牧业发展目标是在2020年牛肉、羊肉、兔肉和鹅肉产量将分别达到800万、500万、100万、200万吨。

我国南方地区人口占全国总人口的58%，经济规模占全国的57%，对肉类产品的需求大且品质要求高，加强南方地区草食畜禽养殖，增加本地区的产肉量对于稳定经济发展、提高居民生活水平是非常必要的。有统计资料显示，我国南方地区饲料用粮占南方地区粮食总产量的1/3，饲料用粮挤占食用粮问题严峻，威胁到南方地区的粮食安全。近年来国家对南方地区草食畜牧业的发展高度重视，多次提出发展南方地区草食畜牧业的重要性。

我国南方地区素有养殖牛羊兔鹅等草食畜禽的传统，2014年牛、羊存栏量分别为4 527.8万头和5 988.9万只，兔出栏量为34 804.2万只，牛肉、羊肉和兔肉的产量分别为193.1万吨、101.0万吨和55.8万吨。我国南方地区肉牛存栏量占全国的40%，产出的牛肉仅占全国的28%，人均牛肉占有量为2.48千克，远低于北方的8.61千克和全国的5.09千克及世界人均牛肉占有量10千克。南方地区牛羊肉占肉类总产量的比重也较小，只有5.9%，同一时期，全国牛羊肉产量占全国肉类总产量的比重是12.8%。可见，我国南方地区牛羊肉等草食畜产品无法满足当地的需求，草食畜产品占肉类的比重较小，养殖水平和畜产品产量与北方以及发达国家相比还存在较大差距。

南方地区生态气候多样，地形复杂，水热资源丰富，土壤肥沃，植被覆盖率高且恢复能力强，生态环境良好，经过长期自然和人工的选择，形成了丰富的地方植物品种资源，种植业基础好。南方各省除种植大量的农作物外，还具有种类繁多的经济作物，如油菜、麻类、茶、桑、柑橘、甘蔗、香蕉、木薯等。统计数据显示，南方地区粮棉油糖总产量占全国比重约为 52.5%，其中粮食产量占全国的 44.1%，油料产量占 50.7%，糖料产量占 91.2%。每年产生的秸秆数量巨大，除农作物秸秆外，南方地区经济作物副产物产量巨大，如甘蔗渣和甘蔗梢叶产量约 8 317.8 万吨，占全国总量的 100%；油菜秸秆产量为 2 233.2 万吨，占全国总量的 82.5%；香蕉茎叶约 1 994.2 万吨，占全国总量的 100%；麻叶 302 万吨，占全国的 85.4%。农作物和经济作物在为人类提供衣食原料的同时，产生了大量的副产物，这些经济作物副产品来源广泛，价格低廉，含有蛋白质、能量、纤维及其他可供动物利用的营养素，可被草食畜禽充分利用，这为草食畜禽产业的发展奠定了坚实的基石，有着巨大的潜力和经济社会效益。

一方面，我国南方地区人口密度大，经济发达，对草食畜禽产品需求大，品质要求高；另一方面，南方地区自然条件优越，饲料资源丰富，草食畜禽品种资源丰富，但存在饲料资源综合利用率低，草食畜禽规模化养殖程度低，养殖技术落后，母畜和幼畜的饲养没有得到足够重视的问题。从母畜饲养和幼畜培育抓起，为成年畜禽的高产和高效生产奠定基础，同时加强节粮型畜禽的饲养和饲草料资源的开发和利用，为草食畜禽安全、高效生产奠定基础，对于我国南方地区的畜牧业发展和畜产品的当地供应是非常必要的，有着现实和长远的战略性意义。公益性行业（农业）科研专项"南方地区幼龄草食畜禽饲养技术研究（编号 201303143）"正是基于这样的研究背景下成立的，项目由中国农业科学院饲料研究所主持，南京农业大学、华南农业大学、江西农业大学、四川省畜牧科学研究院和中国农业科学院北京畜牧所承担，另有地方协作科研院所 10 余家，主要针对我国南方地区草食动物的发展和草食动物畜产品的供给情况，重点研究肉牛、肉羊、肉兔和肉鹅的培育，为高产奠定基础，同时挖掘南方地区经济作物副产物作为草食动物饲料资源的潜能。经过近几年的实施，项目取得了阶段性的成果，为推进科研与生产的紧密结合，本书由项目首席专家牵头，各参加单位参与，整理项目目前已经形成的轻简化实用技术，通过确定统一撰写标准与形式，用简洁、通俗易懂的语言描述实用技术的背景、技术要点、注意事项和成果展示等，实用性强。本书可以为生产企业、畜牧专业技术人员及科研单位等在幼畜培育技术和南方副产物的饲料化利用提供参考。

编者

2016 年 10 月

目 录

第一章
南方地区草食畜禽饲养技术

第一节　犊牛饲养技术

南方地区犊牛早期断母乳技术

背景介绍

我国是肉牛养殖大国，牛肉产量居世界第三位。肉牛产业的发展离不开优良品种的发展，但良种的培育不能单纯地从国外引进，需要根据我国肉牛培育现状发展我国肉牛养殖业，因此需要一套适合我国的培育系统。对犊牛实施早期离母断奶既有利于犊牛早期的生长发育和骨骼发育，也能促进母牛及早恢复体能，有利于母牛同期发情，便于集中人工授精，提高繁殖效率。犊牛早期断奶中，何时断奶，用什么饲料替代母乳，饲料适宜的营养成分浓度等是其中的关键技术问题。

技术要点

对于南方肉犊牛的培育，适宜断奶日龄为 28~42 日龄，适宜的代乳品营养水平为消化能 16 兆焦 / 千克、粗蛋白质 25%。牛栏提供足够的水槽、食槽；犊牛出生后 28 或 42 日龄时开始实施早期断奶技术，断母乳并饲喂相应的代乳品，饲喂次数为每日 3 次，分别于 07：00、14：00 和 17：00 饲喂，饲喂量按犊牛体重 1.2% 的理论值和实际犊牛饮食情况进行调整，并随犊牛体重增

犊牛采食代乳品乳液

犊牛采食代乳品乳液

长每 2 周调整 1 次；开食料于 21 日龄开始补饲，犊牛饮食代乳品后于料槽中添加犊牛开食料，任其自由采食；至 70 日龄后，逐步降低代乳品用量，提高开食料的比例，直至 90 日龄完全用开食料饲喂。粗饲料从 35 日龄开始补饲，可采用粉碎的青绿象草、苜蓿等优质牧草，每天保持食槽中粗饲料不断。犊牛圈舍每一天进行两次清理粪便，每 7 天冲洗一次牛栏和栏位消毒。

适宜地区

我国各地肉牛养殖区域，特别是饲料原料种类和运输方便的地区。

注意事项

（1）使用代乳品饲喂犊牛，需要逐步增加用量，一般过渡期 5~7 天，增加过快会导致犊牛胃肠道不适应，产生腹泻等问题。

（2）代乳品需要现配现喂，保持新鲜、清洁无污染，所用的水应为清洁的流动水，最好煮沸后晾凉（或用凉白开水兑）到 50℃左右，再冲泡代乳品，至代乳品乳液温度降低到 38℃左右再饲喂给犊牛。

（3）断奶期间对犊牛多加关注，对表现异常者及时查明原因。

（4）定期测定犊牛生长性能。

效益分析

经应用证实，红安格斯与西门塔尔杂交犊牛 0~150 日龄平均日增重可达 650 克/天以上，无特殊疾病成活率达到 100%，母牛不再哺乳，可尽快开始调整体况进入下一个繁殖期。

联系方式

技术依托单位：中国农业科学院饲料研究所

联系人：屠 焰　**电子邮箱：**tuyan@caas.cn

南方地区牛羊冬季补饲技术

背景介绍

　　牛羊是反刍家畜，瘤胃具有利用大量粗饲料的特殊功能。但是，在冬春枯草期，由于不能放牧或放牧食入的枯草不能满足其营养需要，需要辅以合理的补饲，才能获得较高的生产效益，特别是怀孕母畜，育成畜，种公畜的补饲尤为重要。

技术要点

　　山林以供放牧，并就地买入地瓜藤、黄豆秆、油菜秆、笋壳、竹叶、茭白叶等经济作物副产物配合精料对牛群进行冬季补饲。

　　肉牛、肉羊一年四季均可放牧，但一到冬季牧草干枯，营养价值显著降低，依靠放牧饲养的牛羊食入的稻草，无论从数量上或质量上都难以满足营

指导肉牛养殖户开展冬季补饲

养的需要。同时，天气寒冷，畜体热能散失增加，致使大部分牛羊营养不足，生长迟缓，体质瘦弱，成活率低，青年牛羊发育不良，成年牛羊生产力低下。为了改变这种状况，做好保膘、保胎工作，最有效的办法就是冬季对牛羊进行补饲。

　　补饲的饲草饲料冬季到来之前，应当贮备一定数量的饲草、饲料。例如，一般要求每只羊贮备干草 300~500 千克，精料 100~150 千克。补饲的时间从 11 月开始，一直到第二年 4 月末。

　　冬季喂的精料有黄豆、豆饼、玉米、大麦、麦麸、米糠等。精料要粉碎，豆饼要泡开喂给。精料中混合 30%~40% 的优质干草粉或基于经济作物副产物的饲料，可以提高粗饲料的利用率，有助于消化吸收，而且还节省饲料。

青贮的经济作物副产物如芦笋秸等也是冬季喂牛羊的好饲料。冬季补饲这类良好的多汁饲料，可充分供给牛羊糖分和多种维生素。特别是怀孕母畜早、中、晚补饲3次，并把精料、青贮饲料和秸秆分别在早上、中午、晚上同时饲喂，这样有利于营养物质的吸收和利用。

补饲方法：牛羊群放牧回来后即进行补饲，补给精料和切碎的块根饲料，均匀拌在一起，然后加入食盐、石粉，先撒在饲槽内，再放牛羊进圈采食。

此外，尿素可作为补充冬季牧草蛋白含量不足的含氮添加剂，最好与糖类饲料拌在一起饲喂，不可多喂，以防中毒。

适宜地区

丘陵放牧地区、林牧复合地区。

注意事项

精料不能补饲过量，注意精粗比，防止牲畜偷吃精料造成瘤胃酸中毒等。

效益分析

通过冬季补饲技术，使得农户养殖肉牛在冬季仍能够保持400~500克/天的日增重，缩短了肉牛的上市时间，增加了养殖效益。

联系方式

技术依托单位：浙江农林大学

联 系 人：王 翀

电子邮箱：wangcong992@163.com

南方地区犊牛代乳品营养参数

背景介绍

我国南方地区有着丰富的草地和农副产品资源，有广大的消费市场，肉牛养殖业的发展存在巨大发展的潜能。犊牛的培育是成年的基础，直接关系到产业的发展，世界各国的牛场给犊牛饲喂牛奶或者代乳品并且配合补饲开食料的培育方法非常盛行，此方法不仅能够促进犊牛瘤胃发育，而且能够缩短断奶日龄，最终降低犊牛培育的成本，同时还能使产后母牛及早恢复体况，提高母牛繁殖率，增加经济效益。犊牛的培育离不开日粮中能量和蛋白的合理配制，蛋白质是犊牛日粮中重要的营养素，蛋白质量不足不利于犊牛生长发育，过量不仅会造成环境污染而且造成不必要的经济损失，因此适宜的蛋白水平在生产实践中起到重要指导作用。能量是肉犊牛维持生长、繁殖必需的营养，其主要来源于饲料碳水化合物、脂肪和蛋白质。有关代乳品营养参数的研究大多基于奶犊牛，关注点是对后期乳腺和瘤胃发育的影响，肉犊牛研究报道极少。需要建立肉用犊牛代乳品蛋白和能量需要量和供给量标准。

技术要点

犊牛哺乳期代乳品的能量和蛋白质水平会直接影响其生长发育。日粮消化能 16 兆焦 / 千克有助于肉用犊牛生长性能发挥和瘤胃发酵，促进粗蛋白质消化吸收；粗蛋白质 25% 水平代乳品可以满足犊牛生长发育所需要的蛋白质，促进对粗脂肪和钙的利用；而低能量低蛋白水平（粗蛋白质 22%，消化能 14 兆焦 / 千克）的代乳品不利于犊牛营养物质消化吸收，不能满足这个生理时期南方肉

代乳品产业化生产

犊牛生长发育的需要。对于南方肉犊牛的培育，适宜断奶日龄为 42 日龄，适宜的代乳品营养水平为消化能 16 兆焦 / 千克、粗蛋白质 25%。该技术为保障哺乳期犊

牛的健康生长提供了合理的日粮配制。

适宜地区

代乳品生产可在我国各地进行，特别是饲料原料种类和运输方便的地区。生产出的代乳品产品适用于我国南方地区。

注意事项

（1）生产原料应严格检验，特别是对有毒有害物质进行监控。

（2）产品生产过程需严格按照配方和工艺进行，并在加工、贮存、运输过程中注意避免交叉污染。

效益分析

该技术为保障哺乳期犊牛的健康生长提供了合理的日粮配制，经应用证实，红安格斯与西门塔尔杂交犊牛 0~150 日龄平均日增重可达 650 克/天以上，德国黄牛与夏南牛杂交犊牛 21~90 日龄平均日增重 520 克/天以上，无特殊疾病成活率达到 100%。

联系方式

技术依托单位：中国农业科学院饲料研究所

联 系 人：屠　焰

电子邮箱：tuyan@caas.cn

浙江地方黄牛犊牛早期断母乳技术

背景介绍

　　南方黄牛主要分布于东南、西南、华南、华中、华东各省和陕西南部，包括巴山牛、雷琼牛、台湾牛等品种。以肩峰高、垂皮大为主要特征。体型较小，四肢强健。被毛多黄、褐色，有光泽；唯鼻镜、蹄、角多呈黑色。性温驯，耐热、耐粗饲，具有抗蜱及焦虫病能力。其最大挽力也可达体重的70%~90%，行动敏捷，适于山区放牧和水田耕作。然而，由于肉用方向发展起步较晚，导致以往都是犊牛跟随母牛，通常在6~8个月才完全断母乳。

技术要点

　　犊牛出生后4小时内喝初乳2~4升，然后每日增加到6升，每日分两次饲喂，分别在9：00和15：00左右饲喂。自第7天起，每日饲喂乳液6~7升，其中代乳品3升，代乳品按1：7的比例冲泡，冲泡用水需烧开然后冷却到50~60℃，泡开后待乳液降温至37~39℃方可饲喂犊牛；到第14天，全部饲喂代乳品，每日6~7升。第14日起每日饲喂代乳品6升到30天，之后每日饲喂代乳品6升。自10天起，开食料放在饲草中供犊牛自由采食，并给以少量优质青饲料，如胡萝卜、青草等。之后，逐渐增加精料、青饲料饲喂量。当犊牛每日进食固体饲料干物质达到1 000克时，停喂代乳品。使用该方法可以实现70天

进行早期断母乳的南方黄牛犊牛

左右断母乳，日增重达 600~700 克 / 天。

适宜地区

本技术适用于南方黄牛饲养地区。

注意事项

（1）母牛不能舔掉初生犊牛身上的黏液时，用清洁毛巾擦拭干净，尤其注意擦掉口鼻中的黏液。

（2）如果犊牛频繁顶撞母牛乳房，而吞咽次数不多，说明母牛奶量低，需要加大补饲量。

（3）生后 10~15 天开始训练犊牛采食精饲料，可将少量乳液洒在精料上，涂擦犊牛口鼻，进行诱食。

效益分析

在浙江金华等地推广黄牛早期断母乳技术应用于黄牛 500 余头，实现了早期断奶，缩短了母牛的恢复期，并提高了犊牛的日增重，代乳料配合开食料可使南方黄牛犊牛日增重达到 700 克 / 天。

联系方式

技术依托单位：浙江农林大学

联 系 人：王　翀

电子邮箱：wangcong992@163.com

第二节　生长牛饲养技术

改善牛肉品质的含烟酸精饲料配制与使用技术

背景介绍

　　随着人们生活水平的提高，对牛肉的品质要求也越来越高。牛肉肌内脂肪（Intramuscular fat，IMF）含量是衡量牛肉品质，特别是高档牛肉品质的一个重要指标。而且IMF与肌肉嫩度、风味、多汁性和肉色（大理石纹）等密切相关，是影响牛肉口感的重要因素。烟酸（Nicotinic acid）作为辅酶烟酰胺腺嘌呤二核苷酸（NAD+/NADH）和烟酰胺腺嘌呤二核苷酸磷酸（NADP+/NADPH）的直接前体，可促进乙酸转化，可能导致脂肪沉积增加，进而影响到IMF、肌肉嫩度、多汁性及肉色等肉质指标。

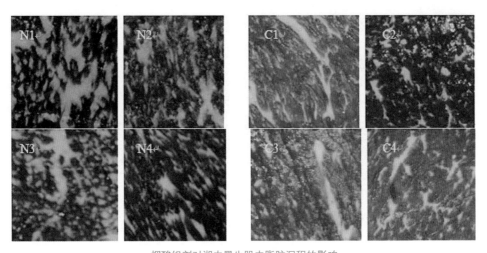

烟酸组剂对湘中黑牛肌内脂肪沉积的影响

N1–N4 为 800mg/kg 烟酸组剂实验组背最长肌的大理石花纹和肉色图，而 C1–C4 是 0mg/kg 对照组
背最长肌的大理石花纹和肉色图

技术要点

　　（1）烟酸预混料。使用玉米面作为载体及稀释剂，将玉米面和烟酸按 19∶1 的

重量比混合，搅拌均匀。

（2）基础精饲料的要求。干物质含量 >83.46%、代谢能 >14.90 兆焦 / 千克、粗蛋白质含量 >13.5%、粗脂肪含量 >4.27%，钙含量 >0.32%、磷含量 >0.56%。

（3）精饲料的配制。将烟酸预混料与基础精饲料按 5∶95 比例搅拌混匀，制成含 500~1 500 毫克 / 千克烟酸的精饲料即可饲喂。

适宜地区

适合地区不限，主要用于高档育肥生产雪花牛肉。

注意事项

（1）日粮中精料和粗料比为 8∶2。

（2）肉牛年龄为 24~30 个月龄，阉割，体重 >450 千克。

（3）饲养 110 天以上。通过该技术饲养的肉牛，可以提高牛肉肌内脂肪含量和大理石花纹评分。

联系方式

技术依托单位： 江西农业大学，江西省动物营养重点实验室

联 系 人： 瞿明仁

电子邮箱： qumingren@sina.com

"雪花"牛肉的生产技术

背景介绍

随着人们营养和保健意识的增强，对优质高档牛肉的需求越来越多。以日本和牛生产"雪花"牛肉而著名，实际上，目前我国许多地方优良品种也能生产高档的雪花肉。

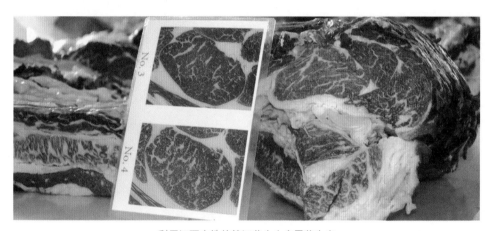

利用江西本地的锦江黄牛生产雪花牛肉

技术要点

（1）品种选择。以早熟品种为宜。我国的地方良种黄牛如锦江黄牛、闽南牛、云岭牛、枣北黄牛等，引进品种中的西门塔尔与本地黄牛杂交改良后代等，均可作为生产"雪花"牛肉的原料牛。

（2）育肥年龄确定。肉牛的生产发育规律是脂肪沉积与年龄呈正相关，所以生产"雪花"牛肉应该选择1.2~2周岁的牛。

（3）根据性别采取不同饲养管理措施。母牛沉积脂肪最快，阉牛次之，公牛沉积脂肪最慢。饲料转化率以公牛最好，母牛最差。不同性别其膘情与"雪花"肉形成并不一样，公牛必须达到满膘以上，即背脊两侧隆起极为明显。

（4）育肥牛的营养水平。要获得"雪花"状优良而又嫩的牛肉，则必须在育肥期饲喂高能量水平的饲料，每头牛稻草 500 克，精饲料自由采食。为了保持雪花牛肉脂肪呈白色，如少喂或不喂含花青素、叶黄素、胡萝卜素多的饲料。

适宜区域

本技术适用于南方地区肉用育肥牛的饲养。

注意事项

（1）公牛需要提早阉割，以 6 月龄左右阉割为宜。

（2）育肥后期采取高营养水平，精粗比在 8∶2 以上。且少喂或不喂含花青素、叶黄素、胡萝卜素多的饲料。

联系方式

技术依托单位：江西农业大学，江西省动物营养重点实验室

联 系 人：瞿明仁

电子邮箱：qumingren@sina.com

南方肉牛育肥舍夏季物理降温技术

背景介绍

　　我国南方大部分地区的夏季温度高、湿度大、持续时间长，很容易造成肉牛热应激，导致肉牛采食量下降，严重影响肉牛生产及经济效益发挥。

技术要点

　　（1）栏舍建设：肉牛栏舍宜坐北朝南，采用开放式栏舍。牛舍屋顶、墙壁和牛栏地面用隔热性能好的材料。

　　（2）以水降温：牛栏舍屋顶安装喷水降温设施，室温可马上降低 2~3℃；栏内喷雾系统，可以立即降低舍内温度，每间隔 40 分钟左右喷水 3~5 分钟。

　　（3）在牛舍内安装通风设备：在肉牛栏舍内安装如电扇、排风机等通风设备，加强舍内空气流动。经常清理通风设备，可增强牛舍通风效率。

　　（4）增加饮水器数量及增加供水量：天气愈热，水需求愈高，充足的饮水可促进食欲；饮水中添加 0.1%~0.2% 的盐或电解质亦可，冰冷的水效果更佳。

　　（5）增加场区绿化面积：可在牛场四周种植高大乔木，以利通风及遮阳。

舍内风扇降温

屋顶喷水降温

（6）避免肉牛中午在太阳下暴晒，不要让种用肉牛或育肥牛直接暴晒在太阳下，否则易引起日射病，影响生长。

适宜区域

本技术适用于南方地区肉用育肥牛的饲养。

联系方式

技术依托单位：江西农业大学，江西省动物营养重点实验室

联 系 人：瞿明仁

电子邮箱：qumingren@sina.com

南方肉牛抗热应激营养调控技术

背景介绍

南方夏季肉牛热应激是否普遍，采用营养调控的方法来预防或降低肉牛热应激尤为重要，不需要额外增加设施设备，只需要调整日粮营养配方就可以了，是切实可行的措施。

技术要点

（1）增加营养摄入量。炎热夏季要适量增加日粮养分含量，减少粗纤维的采食量，提高净能量的摄取。日粮中蛋白质含量可适当降低1%~2%，尽可能多饲喂青绿多汁饲料，以减少热量的消耗。

（2）适当补充电解质和维生素。肉牛发生热应激时，由于呼吸和排汗的增加，常常会引起矿物质不足，对钙、磷、钠、镁等元素及氯化钾、维生素C、维生素E的需求量明显增加，在饲喂时需适量添加。在日粮中添加氯化钾，添加量为每天每头肉牛60~80克。碳酸氢钠的用量一般占精料的1%~3%，或者每天每头肉牛用340克。在肉牛饲料中添加0.04%~0.06%的维生素C、添加正常量3~5倍的维生素E。维生素C可以抑制体温上升，促进食欲，提高抗病力。

（3）饲喂青绿多汁饲料。青绿多汁饲料富含碳水化合物和水分，不但适口性好，而且能解渴，对防暑降温和缓解肉牛热应激十分有利。在保证食入足量干物质

夏季多喂青绿饲料并补充维生素和电解质

的前提下，适量喂些优质青草、胡萝卜等对提高肉牛生产性能有好处。在精饲料可适当增加麸皮、豆粕2%~3%的用量，以提高饲料的适口性。

适宜区域

本技术适用于南方地区夏季肉用育肥牛场。

注意事项

肉牛日粮中的青饲料数量应逐渐增加，不能突然给牛全部改喂青饲料，以防牛的胃肠道不适应。

联系方式

技术依托单位：江西农业大学，江西省动物营养重点实验室

联 系 人：瞿明仁

电子邮箱：qumingren@sina.com

中药复方制剂防治肉牛热应激技术

大量研究表明，中草药添加剂在预防奶牛热应激方面的研究取得较好进展。陈琦（2007）等报道，在热应激期奶牛饲料中添加由甘草、薄荷、藿香等组成的中草药制剂可提高奶牛的产奶量，提高其血清 IL-2 和 IL-10 水平。改善热应激奶牛免疫性能。因此 本技术综合国内外研究成果，使用中草药复方添加剂来提高肉牛的抗热应激能力和促进肉牛生长。

中药藿香

中药创术

（1）中药原料的选择。以解暑化湿中药藿香和苍术为主药，配以清热药黄芩，另以木香、陈皮为健脾药，配以黄芪补气。

（2）中药复方制剂的制备。各种组成原料按重量比配制。其配比为藿香300份，苍术300份，黄芪200份，黄芩200份，木香100份，陈皮100份。中药原料分别粉碎至过40目筛，混合均匀制成抗热应激添加剂。

（3）使用方法。将该制剂以1%添加到肉牛精料中，混合均匀后饲喂。连续饲喂60天，自由饮水。精料可选用由玉米、豆粕等配合而成的精料补充料，粗料可选用稻草、皇竹草、黑麦草、豆渣等原料。

肉牛抗热应激中药复方制剂

适宜区域

本产品适用于南方热带和亚热带夏季高温高湿地区，时间6—9月。

注意事项

此技术主要用于预防夏季肉牛热应激反应，不作为临床治疗使用。如肉牛出现体温升高、食欲废绝等严重症状，则需要对症治疗。

联系方式

技术依托单位：江西农业大学，江西省动物营养重点实验室

联 系 人：瞿明仁

电子邮箱：qumingren@sina.com

育肥用架子牛选购技术

背景介绍

从农户手中购买架子牛进行育肥，是目前我国肉牛产业的主要生产方式。育肥用的架子牛选购得好坏，直接严重影响育肥场的经济效益。

技术要点

（1）品种选择。选购架子牛时，利用杂种优势，需要选良种肉牛或肉乳兼用牛及其与本地牛的杂交牛。

（2）性别选择。不去势公牛的生长速度和饲料转化率均明显高于阉牛，且胴体的瘦肉多，脂肪少。母牛的肉质较好，肌纤维细嫩，柔嫩多汁，脂肪沉积较快，容易肥育。

（3）选择适龄牛。最好选择1~2岁的牛进行育肥。如计划饲养3~5个月出售，应选购1~2岁的架子牛；秋天购买架子牛，第二年出栏，应选购1岁左右的牛；利用大量糟渣类饲料育肥时，选购2岁牛较好。

（4）选购适宜体重的牛。一般杂交牛在一定的年龄阶段其体重范围大致为6月龄体重120~200千克，12月龄体重180~250千克，18月龄体重220~310千克，24月龄体重280~380千克。

（5）外貌的选择。外貌要符合品种特征、身体各部位结合紧凑，头小颈短，站

具有杂种优势、健康的架子牛

姿标准，肩胛骨及肋骨开张较好，背腰坚强平坦，腹部紧凑不下垂，尻部宽平，肢蹄健康，被毛光亮。

（6）健康状况观察。健康的架子牛双眼有神，呼吸有力，尾巴活跃，积极迎接饲养员。

适宜地区

本技术适用于南方地区生长肉牛的饲养。

注意事项

（1）架子牛选购前，应调查拟购地区的肉牛品种改良和疫病发生情况，禁止从疫区购牛，尤其注意口蹄疫、布病、结核的检疫。

（2）注意考察选购地区的架子牛饲养方式、饲喂的草料、气候等环境条件，以便相应调整肉牛运输与运达后的饲养管理措施。选购地的气温与育肥圈舍的温差不宜超过15℃，圈舍的适宜温度应控制在8~32℃。

联系方式

技术依托单位：江西农业大学，江西省动物营养重点实验室

联 系 人：瞿明仁

电子邮箱：qumingren@sina.com

生长肉牛精饲料配制技术

背景介绍

　　肉牛养殖效益高，能较快地带动农村经济发展。饲草饲料是养殖的基础，饲料费用占肉牛生产费用的70%~80%，如何科学配制地配制日粮，对降低养殖成本，提高养牛经济效益意义重大。在生产中，肉牛以粗饲料为主要饲料，但粗饲料不能满足其营养需要，需要补喂精饲料。精饲料营养全面与否，直接关系到肉牛的生长发育状况。因此肉牛生产要十分重视生长牛的精饲料配制，科学配制生长牛的精饲料，对生长牛的生长具有促进作用。

技术要点

　　生长肉牛精饲料包括能量饲料、蛋白质饲料、矿物质饲料、微量元素和维生素。其大致配制比例如下。

　　（1）能量饲料。主要是玉米、麦麸、米糠等，占精饲料的60%~70%。

　　（2）蛋白质饲料。主要包括豆饼（粕）、棉籽饼（粕）、花生饼等，占精饲料的20%~25%。由于豆饼（粕）价格较高，生长期肉牛豆饼（粕）的比例一般占5%~10%。

精料补充料（颗粒料）

精料补充料（粉料）

（3）矿物质饲料。包括骨粉、食盐、小苏打，一般占精饲料量的 3%~5%。生长期肉牛使用量占精饲料量的 2% 左右，食盐使用量占精饲料量的 0.5%~0.8%，夏季添加量占精饲料量的 1%~1.2%。如以酒糟、青贮饲料为主要粗饲料时，应添加小苏打，添加量占精饲料量的 1%~2%，其他粗饲料喂牛时，夏季可添加精饲料量的 0.3%~0.5%。

（4）预混料。主要包括微量元素、维生素添加剂。对于繁殖用的后备母牛，要特别注意补充铜、锌、硒等微量元素。在维生素方面，生长肉牛瘤胃微生物能合成 B 族维生素和维生素 C，但无法合成维生素 A、维生素 E、维生素 D，因而在饲料中应适当补充维生素 A 和维生素 E，舍饲肉牛要特别注意补充维生素 D。

适宜地区

本技术适用于南北方地区生长肉牛的饲养。

注意事项

如果预混料是直接购买的，注意需要选择正规生产厂家购买，按照说明在规定期内使用，严禁应用"三无"产品。

效益分析

研究表明，通过科学制作配方，合理搭配精饲料，肉牛的日增重和增重效益随营养水平的提高而直线增加。与传统养殖模式相比，科学补充精饲料后日粮养分更为平衡，可以满足肉牛的增重需求，肉牛增重速度提高 1 倍以上，饲料报酬提高 20%~60%。

联系方式

技术依托单位：江西农业大学，江西省动物营养重点实验室

联 系 人：瞿明仁

电子邮箱：qumingren@sina.com

第三节 母牛饲养技术

母牛饲喂技术

背景介绍

　　近些年牛肉价格不断上涨，而相对的是母牛存栏量在不断减少，扩大能繁母牛的养殖规模，直接能促进肉牛的生产，打破肉牛发展瓶颈。随着相关政策的不断颁布以及市场的巨大需求，养殖能繁母牛已经成为促进农民增收的一个重点项目。营养对母牛的发情、配种、犊牛健康状况起着决定性作用，但任何一种饲料都不可能包含母牛需要的所有营养元素。如果饲料中营养不足，就会推迟幼龄母牛的成长，使其性成熟推迟，缩短母牛的有效繁殖时间。如果成年母牛营养不足，会导致其发情不明显，甚至发生流产、死胎的情况。但营养过剩也会使母牛不易受胎，所以在喂养时要注意母牛的营养状况，不能缺乏营养，也要避免营养过剩。

进行补饲的母牛

技术要点

　　最佳膘情：在母牛静立状态下，刚好能看到最后面的三根肋骨，这样的膘情既能满足母牛年产一头犊牛，且产奶足够犊牛吃2个月，又能保证母牛养活自己，寿命10年产仔8头。如看见二根肋骨是偏肥，一根或看不到肋骨是过肥；看见四根肋骨是偏瘦，五根是过瘦。喂料时尽量使用粗饲料，增加粗饲料的量、改变精粗搭配的比例就能保持母牛的膘情。

补饲用舔砖

　　补饲要点：补喂精料根据母牛大小、怀孕、哺乳、膘情等情况确定。空怀母牛如果膘情差，粗饲料质量不好或饲料单一也应当适当补喂精料，以利于尽快发情受配怀孕，在母牛空怀期每头每天补饲1~2千克精料补充料。从怀孕第9个月到产犊，每头每天补饲2千克精料补充料。产犊后至犊牛4月龄每头母牛每天补饲3~4千克精料补充料。

　　舍饲母牛，先喂青草、干草或秸秆，再喂精料；放牧母牛，收牧后投喂干草或秸秆和补喂精料。甜菜、胡萝卜等块茎饲料是母牛、犊牛冬季补饲的较好饲料，可以室内堆藏或窖藏，喂前应洗净泥土，切碎后单独补饲或与精料拌匀后饲喂（表1，表2）。

表1　空怀母牛冬季补饲配方（%）

玉米	豆粕	大麦	麦麸	磷酸氢钙	食盐	小苏打	补饲量（千克/天）	
							黄牛	水牛
45	10	12.5	30	1	0.5	1	0.75	1

表 2　带犊母牛补饲配方（%）

玉米	豆粕	大麦	麦麸	磷酸氢钙	食盐	小苏打	补饲量（千克/天）	
							黄牛	水牛
45	18	14.5	19	2	0.5	1	1.5	2

适宜区域

我国各地母牛养殖方式较粗放的区域，特别是放牧地区，以及母牛同时承担使役任务的地区。

注意事项

（1）补饲要根据母牛大小、怀孕、哺乳、膘情等情况确定，进行不同侧重的喂养，保证母牛不过瘦，也不太肥。

（2）在日常管理中要注意避免对母牛的不当使用，注意防疫。严禁使用已经腐坏或被污染的饲料喂牛。保持牛舍干燥洁净，无宿便、积水等污物。时常为牛清理身体，保持身体干燥干净。定期检查牛的进食、精神状况，如果发现异常及时请兽医诊治。

（3）要强健母牛身体，每天保证一定时间的日光浴，妊娠后期的母牛每天保证一定量的运动。

效益分析

加强母牛饲养管理，对母牛进行适当补饲，保证母牛的膘情，对提高母牛受配率、受胎率、繁殖成活率，提高肉牛养殖效益都有益处。

联系方式

技术依托单位：江西农业大学动物科技学院

联 系 人：欧阳克蕙

电子邮件：ouyangkehui@sina.com

妊娠母牛精料补饲技术

背景介绍

孕期母牛的营养需要和胎儿生长有直接关系。胎儿增重主要在妊娠的最后3个月，此期的增重占犊牛初生重的70%~80%，需要从母体吸收大量营养。若胚胎期胎儿生长发育不良，出生后就难以补偿，增重速度减慢，饲养成本增加。同时，母牛体内需蓄积一定养分，以保证产后泌乳量。

技术要点

妊娠母牛粗饲料由麦秸、稻草和玉米秸等组成时，缺乏能量和蛋白质、维生素A等，需用精饲料补足。混合精饲料参考配方为：玉米50%，麦麸10%，饼粕类30%，大麦7%，石粉或贝壳粉2%，食盐1%。每千克混合精饲料中加入维生素A添加剂1万单位。精饲料日喂量：妊娠1~6个月饲喂0.75~0.85千克，6个月以后饲喂1~1.5千克。

妊娠母牛精料补饲

妊娠母牛的粗饲料由青刈牧草、青贮饲料（不包括豆科牧草）组成时，要适当补充能量及蛋白质饲料。混合精饲料参考配方为：玉米68%，麦麸10%，饼粕类5%，大麦14%，石粉或贝壳粉2%，食盐1%。精饲料日喂量：妊娠6个月以后喂0.5~1.05千克。

饲喂豆科牧草，如苜蓿、紫云英、三叶草等青、干草粗饲料时，精饲料中不必添加饼粕、尿素等蛋白质丰富的饲料，仅补充由玉米、麦麸、大麦等组成的混合精饲料即可。

妊娠母牛混合精饲料的饲喂原则是：妊娠 6 个月前少喂，6 个月以后多喂；暖季少喂，冬季多喂；初胎及 2 胎牛多喂，3 胎以后牛少喂；活重大、健壮、采食粗饲料多的少喂，相反则多喂。

适宜区域

我国各地母牛养殖方式较粗放的区域，特别是放牧地区，以及母牛同时承担使役任务的地区。

注意事项

（1）妊娠前 6 个月胚胎生长发育较慢，不必为母牛增加营养。对怀孕母牛保持中上等膘情即可。重点在分娩前 2~3 个月进行补饲，尤其对体况较瘦的母牛。

（2）一般在母牛分娩前，至少要增重 45~70 千克，才足以保证产犊后的正常泌乳与发情。但也不可增重过度，以避免难产等情况发生。

（3）放牧地区，青草季节应尽量延长放牧时间，一般可不补饲；枯草季节，根据牧草质量和牛的营养需要确定补饲种类及补饲量。

（4）牛在舍饲或冬季时，由于长期吃不到青草，维生素 A 缺乏，必须要用维生素 A 添加剂来补充。也可用胡萝卜替代，每头每天喂 0.5~1 千克胡萝卜。

（5）怀孕牛禁喂棉籽饼、菜籽饼、酒糟等饲料。不能喂冰冻、发霉饲料。宜饮用温水。

效益分析

对妊娠母牛进行补饲，可以均衡营养，使母子健康，提高犊牛出生重，获得更多的繁殖红利。

联系方式

技术依托单位：江西农业大学动物科技学院

联 系 人：欧阳克蕙

电子邮件：ouyangkehui@sina.com

带犊母牛补饲技术

背景介绍

母牛在产犊后，体内营养物质需求量比平时要多，如果日粮中摄取的营养物质不足，新陈代谢会出现紊乱，生理机能失去平衡，从而导致体重减轻，产奶量下降，犊牛摄入的营养不足，增重缓慢，免疫力下降，严重时甚至影响母牛下一胎的发情与配种。因此，生产中为了保障带犊母牛的身体健康，多产奶，除了饲以大量的青草和秸秆外，还应补饲一定量的精料，以满足带犊母牛对营养物质的需要。

技术要点

饲喂要点：以青粗饲料为主，有条件时饲喂一些青干草或青绿饲料。母牛每日需饲喂占体重8%~10%的青草，以及占体重0.8%~1.0%的秸秆或干草。精料

健康带犊锦江母牛

应拌草饲喂，以增加饲料干物质的采食量，或用青绿饲料、青贮饲料同秸秆混匀饲喂。还需使用钙粉（磷酸氢钙或石粉）50~70克，食盐40~50克，补充母牛每日所需矿物质和食盐，也可利用营养舔砖，并保持充足饮水（表3，表4）。

日常管理：母牛一般每日饲喂2~3次，总饲喂时间6~7小时。

表3　成年肉牛母牛的维持营养需要（天）

体重（千克）	干物质（千克）	粗蛋白质（克）	增重净能（兆焦）	钙（克）	磷（克）	胡萝卜素（毫克）	每千克干物质含代谢能（兆焦）
300	4.47	396	7.49	10	10	25.0	7.53~8.79
350	5.02	445	8.41	11	11	27.5	
400	5.55	492	9.29	13	13	30.0	
450	6.06	537	10.13	15	15	32.5	
500	6.65	582	10.97	16	16	35.0	
550	7.04	625	11.80	18	18	37.5	
600	7.52	667	12.60	20	20	40.0	

表4　母牛妊娠后3个月的增重营养量（天）

牛的体型	粗蛋白质（克）	增重净能（兆焦）	钙（克）	磷（克）	胡萝卜素（毫克）
小型牛（成年体重400千克以下）	90	3.56	4.5	3	3.8
大型牛（成年体重500千克以上）	120	4.81	6.0	4	5.0

适宜区域

我国各地母牛养殖区域。

注意事项

（1）带犊母牛以青粗料为主，有条件时尽量饲喂些青干草或青绿饲料。

（2）补喂精料量应根据母牛大小、怀孕、哺乳、膘情等情况确定。如果膘情差，或粗饲料质量不好、饲料单一时应当补料，以利尽快发情受配。

（3）舍饲补饲时可采取先粗后精的方法，先喂青草、干草或秸秆，再喂精料。

舍饲带犊锦江牛母牛补饲

效益分析

　　带犊母牛适当补饲，对母牛进行营养调控，可快速恢复母牛的繁殖性能，使牛犊吃到足够量，免疫力提高，增重提高。提高了受体母牛的繁殖率和犊牛的成活率，生产效益明显。

联系方式

　　技术依托单位： 江西农业大学动物科技学院
　　联 系 人： 欧阳克蕙
　　电子邮件： ouyangkehui@sina.com

泌乳牛饲养管理技术

背景介绍

　　泌乳期饲养管理是母牛生产中的重要环节，此时母乳产量和乳品质是决定犊牛生产性能的重要指标，因此掌握母牛在泌乳期间的生理变化，科学合理地进行泌乳期饲养管理，将直接影响母牛场的经济效益。

放牧中的泌乳母牛

技术要点

　　母牛产后最初几天，体力尚未恢复，消化机能很弱，必须给予易消化的日粮。粗料应以优质干草为主，精料最好选用小麦麸。每日 0.5~1 千克，逐渐增加，并配合其他饲料一同饲喂，3~4 天后就可转为正常日粮。如母牛产后恶露没有排净之前，不可饲喂过多精料，以免影响生殖器官复原以及产后发情。

　　母牛生产后，应用温湿毛巾仔细擦洗乳房。产后 7 日内坚持每日擦洗一次，哺乳期内（非初乳期）可 5 日清洗一次，尤其是发现乳头脏污时随时清洗。

　　肉用母牛泌乳期一般 7~8 个月，但由于泌乳力低，后两个月泌乳量很少，继续哺乳一方面导致犊牛采食量上升缓慢，另一方面影响母牛休息和体质的恢复。所以应在犊牛 6 月龄时断奶。

产后及时配种（产后第一个情期或第二个情期）受胎率高。母牛及时配种可有效缩短产犊间隔，显著提高母牛终产犊数。母牛配种后 18~20 天应进行妊娠检查，最好采用直肠检查法，如发现滤泡发育并发情，说明未受胎，应进行复配。

适宜区域

全国母牛生产区域。

注意事项

（1）泌乳期精料不足易导致营养跟不上，但精料太多又易发生瘤胃酸中毒。

（2）泌乳母牛要注意体表清洁，特别是外阴部、尾根及臀部，垫草垫料要及时清理更换。

（3）泌乳期母牛要保证适当的户外运动，以增强抗病力和避免脂肪堆积。

效益分析

泌乳期是母牛生产中的重要环节，科学饲养不仅能够提高产奶量和减少繁殖疾病，还能延长母牛寿命，提高生产效益，对犊牛生产也意义重大。

联系方式

技术依托单位：江西农业大学动物科技学院

联 系 人：欧阳克蕙

电子邮件：ouyangkehui@sina.com

产后母牛保健技术

背景介绍

母牛产后疲劳，身体虚弱，腹空口渴；同时子宫受到损害，产道受伤，还容易患上产后瘫痪、胎衣不下、产褥热、真胃移位等疾病，给奶牛业造成很大经济损失。探讨母牛产后保健技术，制订合理的保健与防病措施，最大限度地降低因疾病造成的损失，对确保肉牛产业的健康发展很有必要。

技术要点

母牛产后可用麦麸 1.5~2.0 千克，盐 100~125 克，用温水调成盐麸汤让其饮食，可以很好地补充体内水分损耗，帮助维持体内酸碱平衡，增加腹压和恢复体力，有利于胎衣的排出，冬天还可温暖充饥。以后可逐渐加喂母牛优质、软嫩的干草 1~2 千克。

母牛体况检查

同时更换垫草，保持安静，让母牛充分休息。产后 1 小时用温水清洗乳房，挤乳。分娩后要尽早驱使母牛站起，以减少出血，也有利于生殖器官的复位。为防子宫脱出，可牵引母牛缓行 15 分钟左右，以后逐渐增加运动量。

胎衣脱落后，注意恶露的排出情况，如有恶露闭塞现象，应及时处理，以防发生产后败血症或子宫炎等疾病。在第 3、第 6、第 10 天给母牛饲喂益母产后安，黄牛 300 天, 水牛 400 天, 利于母牛产后排出淤血、炎性产物, 提高下次受胎率。

对患有子宫疾病的经产母牛, 应注意治疗和调理相结合。治疗可以通过子宫冲洗、注入药物、注射抗菌药物等方法; 调理时, 每次用鱼鳔补肾丸 2~4 丸 (黄牛 2 丸, 水牛 4 丸) 加 2 个鸡蛋混合在少量精料中, 每日早晚各 1 次, 连喂 3~4 天, 紧接着用益母产后安或宫乳炎康 300~400 克 (主要成分为益母生化汤) 加白酒 20~30 克为引喂服, 1 次 / 天, 连喂 6 天。

适宜区域

全国母牛生产区域。

注意事项

(1) 注意食盐喂量不可过大, 否则会增加乳房的浮肿程度。

(2) 产后保持母牛圈舍清洁、干燥、温暖, 防止贼风吹入, 及时清除被污染的垫草。

(3) 对拒绝哺乳的母牛, 可用人工挤乳, 配合乳房按摩, 中药调理。

效益分析

通过合理安排产后营养与保健, 可以提高母牛的身体健康, 使母牛体况快速恢复, 尽快进入下一个繁殖周期。母牛产后营养与保健得当, 可以缩短繁殖周期, 母牛由三年两胎提高到一年一胎, 提高了牛群的周转速率, 促进肉牛生产经济利益提高。

联系方式

技术依托单位: 江西农业大学动物科技学院

联 系 人: 欧阳克蕙

电子邮件: ouyangkehui@sina.com

第四节　羔羊饲养技术

提高哺乳期羔羊成活率的关键技术要点

背景介绍

　　哺乳期阶段是羔羊最难饲养的阶段，羔羊自身调节能力差，抵抗力弱，饲养管理稍有不慎就会造成死亡。在一些饲养管理水平不高的羊场，羔羊死亡率高达 10%~20%，这对养殖场来说，损失是巨大的。如何为羔羊创造合适的生存环境和提供更为科学的饲养管理措施，提高羔羊在哺乳阶段的成活率，是亟须解决的问题。

羔羊和母羊一起在阳光下休息

技术要点

　　（1）做好母羊妊娠期和哺乳期的饲养管理。推行母羊集中配种、集中分娩的生产模式，提高养殖的集约化水平；注重妊娠母羊的饲养管理，在建立健全母羊配种记录的同时，结合早期妊娠检查确定母羊的妊娠状况，根据母羊的妊娠和营养状况，合理分群。提供充足的营养，日粮配方尽可能多样化，粗精搭配合理，保证羔羊在胎儿阶段的正常发育，为产出健康的羔羊提供基础。

　　哺乳期母羊营养的好坏直接影响断奶前羔羊的生长发育，保持哺乳期母羊良好的营养状况，使其有足够的乳汁哺育羔羊。饲料搭配上，尽可能多提供青绿多汁饲料，在泌乳初期营养水平低而中后期随着羔羊的生长，逐步提高营养水平。

　　（2）做好产羔护理。对于临近预产期的母羊要加强看护，待产母羊应转移到产羔舍，冬季做好产羔舍的保温工作，以 5~10℃为宜。羔羊出生后，让母羊舔干或人工擦干羔羊身上的黏液。发现难产及假死羔羊，应及时处理，减少不必要的死亡。

　　（3）做好哺乳期羔羊的饲养管理。羔羊出生后，应尽早吃足初乳。对于弱羔

羔羊长势良好

或者不愿哺乳的母羊，需采取人工辅助哺乳。无奶羔羊可以采取保姆羊饲喂或人工饲喂羔羊代乳品。对于需要特殊护理的羔羊，如弱羔、需要人工哺乳的羔羊，以及胎产3羔以上母羊，单独组群，细心照顾。

母子舍必须温暖、通风、干燥，阳光充足。应当给羔羊提供运动场，或者给羔羊足够的运动空间，加强羔羊的运动。

10~15日龄开始，给羔羊补饲开食料及优质牧草，可采用隔栏补饲或在母羊栏内设置羔羊补饲栏的方法进行。

需定期对羊舍护栏、地面、墙壁及运动场进行清扫和消毒，每天对食槽和水槽进行清洗；做好羔羊的免疫接种和疾病治疗。

适宜地区

适宜于南方舍饲肉羊养殖场。

效益分析

通过掌握以上关键技术要点，可以提高羔羊成活率5~10个百分点，羔羊断奶前体重增加2~3千克，可在45~60天断奶，经济效益可观。

联系方式

技术依托单位：中国农业科学院饲料研究所

联 系 人：王世琴

电子邮箱：wshq1988@163.com

舍饲条件下哺乳期羔羊隔栏补饲技术

背景介绍

羔羊初生后，营养主要依赖母羊，随着羔羊的生长，母羊泌乳量渐渐无法满足羔羊生长发育的需要，就需要及时对羔羊进行补饲。通过补饲可以促进羔羊的生长和消化道的发育，为其成功断奶提供基础。舍饲条件下，随母哺乳羔羊，母羊和羔羊一起生活，那如何给羔羊进行补饲呢？

羔羊可自由进出补饲栏采食开食料或进行哺乳

技术要点

隔栏补饲是指在母羊活动集中的地方设置羔羊补饲栏，只有羔羊可以进出。

（1）准备适宜数量的隔栏。隔栏面积按每只羊 0.15 米^2 计算；进出口宽径约 20 厘米，高度 40 厘米，以不挤压羔羊为宜。一般每两个母羊栏位中间可以设置一个羔羊补饲栏，或者在母羊栏内设置羔羊补饲栏。

在母羊栏内设置羔羊补饲栏

（2）将同一阶段分娩的母羊和羔羊，分群至同一个仓位，根据羔羊的数量，在隔栏内放置 1~2 个羔羊食槽。

（3）隔栏补饲的时间一般在羔羊 10~15 日龄开始，也可以更早。

（4）补饲料以羔羊开食料和优质牧草干草为主。前期，羔羊对开食料和饲草的采食量较小，每次投料时，不管是否有吃完，都必须全部更换新的饲料。待羔羊学会吃料后，可根据羔羊采食量进行投料。

适宜地区

适宜于南方舍饲肉羊养殖场。

注意事项

保持隔栏及羊舍地面的干净卫生。

效益分析

通过隔栏为羔羊提供专门的补饲料，能够促进羔羊的生长发育，在母羊栏内设置羔羊补词栏与不补饲相比，通过补饲的羔羊，断奶前日增重增加 30~50 克。另外补饲可以提高羔羊的断奶成活率，为其适应固体饲料和断奶时达到一定量的采食量提供了基础。

联系方式

技术依托单位：中国农业科学院饲料研究所

联 系 人：王世琴

电子邮箱：wshq1988@163.com

羔羊代乳粉饲喂技术

背景介绍

对于新生羔羊来说，母羊乳是最理想的食物。但在生产实践中，当母乳不足或母羊产羔数量超过 2 只时，母乳就不能满足羔羊的营养需求，会严重影响羔羊的生长发育。为此，中国农业科学院饲料研究所历经 10 多年的研究，研制出能够代替母羊乳的专利技术产品——代乳粉。代乳粉有利于种羊的快速繁殖和优良后备种羊的培育，对一产多胎和体弱母羊所产羔羊成活率的提高有重要意义。

羊代乳粉是在国内 20 多个省市的 50 多家规模羊场使用后证明可完全代替母乳。产品选用经浓缩处理的乳蛋白和优质植物蛋白，经雾化、乳化等现代加工工艺制成，富含羔羊生长发育所需要的蛋白质、脂肪、乳糖、钙、磷、必需氨基酸、

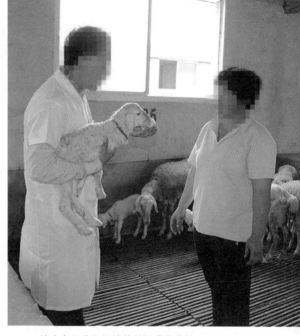

给农户示范如何给羔羊饲喂代乳粉

维生素、微量元素及免疫因子等营养物质。该产品已通过农业部部级鉴定，达到国际先进水平，并获得多项国家发明专利。投放市场十余年，深受广大用户的认可。

技术要点

（1）饲喂前准备工作。羔羊标记或打耳号，羊舍打扫干净、消毒；准备专用饲喂器具，包括水壶、奶瓶、盆等，并清洗消毒；准备好羔羊开食料等。

（2）代乳粉的调制。断奶初期代乳粉与水的比例要小一些，以 1 :（3~5）为宜，增加羔羊营养物质的采食量；到中后期可以增大至 1 :（6~7）。代乳粉要用 50~60℃的温开水冲调，待乳液温度降为 37~39℃时再进行饲喂。在没有温度计的情况下，将奶瓶贴到脸上或手背上感觉不烫即可。注意控制好乳液温度，防止过凉

引起腹泻，过热烫伤羔羊食道。

（3）代乳粉的饲喂。羔羊与母羊分开之后，用奶瓶装代乳粉液对羔羊进行诱导饲喂，要遵循"少喂多餐"的原则，以避免过强的应激。一般情况下，羔羊断奶1周内每天饲喂4~5次，每次饲喂时间间隔尽量一致，以使羔羊尽可能多地采食代乳粉。夜间尽可能饲喂1次，尤其在冬季可防羔羊因能量不足而冻死。待羔羊正常食用代乳粉1周后，可以用盆诱导羔羊采食代乳粉。饲喂人员用手指蘸代乳粉液让羔羊吮吸，逐步将手浸到盆中，将手指露出引诱羔羊吮吸，最后达到羔羊能够直接饮用盆中的代乳粉液。此步骤要有耐心，一般经过两天左右羔羊就能独立饮用代乳粉液了。此训练的成功，对以后饲喂节省人工起着至关重要的作用。

（4）代乳粉的饲喂量。羔羊代乳粉的饲喂量以羔羊吃八分饱为原则。通常代乳粉的用量：羔羊15日龄以内时，每天喂3~4次，每只每次20~40克，对水搅拌均匀；羔羊15日龄以上时，每天喂2~3次，每只每次40~60克。实际操作中可根据羔羊的具体情况调整喂量，同时注意观察采食后的羔羊是否出现腹泻，腹泻可通过调整采食量和使用药物进行治疗。

农户使用代乳粉饲喂羔羊

适宜区域

全国各地养羊区域。

注意事项

（1）吃足初乳。羔羊出生后 2 天内吃足初乳。吃初乳的原则是早吃、吃饱，从而使羔羊获得母源的抗体，提高抗病力。

（2）做好母子隔离。羔羊开始饲喂代乳粉后，要尽早隔离其与母羊的接触，做到羔羊与母羊完全隔离。

（3）做好羊舍保温。冬春季节，羔羊舍内的温度应控制在 5℃以上，湿度控制在 55%~65%，夏季羊舍内的温度控制在 30℃以下，湿度控制在 65% 以上。冬季羊舍地面应铺干燥清洁的垫草，勤起勤换；夏季地面定期消毒，保持干燥卫生。

（4）及早训练羔羊开食。羔羊 10~15 天即可进行训练采食，要选用优质的开食料或鲜嫩的青草、优质干草等引诱羔羊采食。

效益分析

羔羊代乳粉的饲喂，可以解决羔羊缺奶的问题，也可以应用于早期断奶羔羊。通过人工饲喂，提高羔羊的成活率 20% 左右，缩短羔羊出栏时间，提高养羊场经济效益和高频繁殖技术及对多胎品种羊的推广具有重要意义。

联系方式

技术依托单位：中国农业科学院饲料研究所

联 系 人：张乃锋

电子邮件：zhangnaifeng@caas.cn

羔羊早期断奶（母乳）技术

背景介绍

我国传统养羊方式延长了母羊配种周期、降低了繁殖利用率；因多胎或母羊产奶量不足，母乳不能满足羔羊快速生长发育的营养需要，从而影响羔羊的生长发育等。而在生产中实施早期断奶可以克服上述缺点。羔羊早期断奶是通过给羔羊饲喂代乳品及开食料替代母乳进行断奶，缩短哺乳期，从而调控母羊繁殖周期、促进羔羊快速生长和提前发育的一项重要技术。

技术要点

（1）断奶日龄的选择。只有当羔羊机体生长发育到一定程度，能够适应代乳品或固体饲料才可以进行断奶。利用液体饲料（代乳粉）实施早期断奶的最佳日龄是10~20日龄，在此日龄，羔羊能较好地消化利用代乳品和固体饲料，并且代乳品和固体饲料或其消化代谢产物可以刺激羔羊消化器官的生长发育。

（2）羔羊代乳粉饲喂方法。利用3天时间将羔羊从随母哺乳过渡至完全饲喂代乳品断奶，过渡期每日增加代乳品饲喂量的1/3。羔羊在10~50日龄、50~60日龄时代乳品适宜饲喂量分别为体重的2.0%、1.5%为参考。根据羔羊的采食和健康情

早期断奶羔羊正在采食代乳品

况及时调整代乳品的喂量。30日龄前，每日饲喂3次（7：00、13：00和19：00），30~60日龄每日饲喂2次（8：00和18：00）。代乳品用煮沸后冷却到65~70℃的热水按1：5（m/V）比例冲泡搅拌成乳液，再冷却至（40±1）℃时饲喂。每次饲喂后及时地用干净毛巾将羔羊嘴边的乳液擦拭干净。并将饲喂器具清洗干净，并每天进行消毒（0.3%氯异氰脲酸钠或0.1%高锰酸钾，轮流使用）。自由采食开食料和饮水。

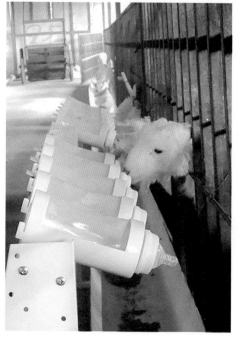

早期断奶羔羊正在采食代乳品

适宜区域

全国各个地区规模养殖场、散养户均可采用该技术对羔羊进行早期断奶。

注意事项

注意饲喂器具消毒卫生。每次饲喂后将饲喂器具清洗干净，并每天进行消毒（0.3%氯异氰脲酸钠或0.1%高锰酸钾，轮流使用）。自由采食开食料和饮水。

羔羊出生后要及时饲喂初乳，保证羔羊获得足够的抗体。

效益分析

经应用证实，3月龄以内的湖羊羔羊平均日增重达到250克/天以上，3月龄体重达到22千克，比随母哺乳羔羊提高3.5千克。

联系方式

技术依托单位： 中国农业科学院饲料研究所

联 系 人： 张乃锋

电子邮件： zhangnaifeng@caas.cn

依据羔羊开食料采食量断奶（液体饲料）的方法

背景介绍

羔羊阶段的生长发育关系到其以后生产性能的发挥和养殖效益的提升。近年来，羔羊的早期断奶引起了广大肉羊养殖者的关注，利用代乳品饲养早期断奶的羔羊已经逐渐被广大养殖户所接受。而最佳的断奶代乳品时间对羔羊生长、消化道发育及饲养成本等都有着重要的影响。

技术要点

（1）断奶时间（液体饲料）的选择。从理论上讲，断奶羔羊应以能够完全通过固体饲料获得营养物质时为准。我们推荐以羔羊开食料采食量连续 3 天达到 300 克以上时断奶，这样既可以充分考虑羔羊消化道发育情况，还可以最大程度地减小断奶应激，保证羔羊健康生长，是最佳的断奶方式。

（2）断奶（液体饲料）的方法。断奶的方法分为逐渐断奶法和突然断奶法。对于早期断奶的羔羊，建议采用逐渐断奶法。逐渐断奶法允许羔羊逐渐适应对于固态饲料的摄取，达到补充营养物质的目的。

断奶羔羊

适宜区域

全国各地的规模羊场。

注意事项

断奶后，羔羊应置于熟悉的羊栏内，断奶后1周内羔羊仍然饲喂以前相同的饲粮，之后逐渐变换饲粮。

效益分析

根据羔羊开食料的采食量在300克以上时，对羔羊断液体饲料，能够保证断奶后羔羊的采食量，减少了生产中羔羊断奶后采食量急剧下降的问题，提高了断奶成活率，进而提高养羊经济效益。

联系方式

技术依托单位： 中国农业科学院饲料研究所

联 系 人： 张乃锋

电子邮件： zhangnaifeng@caas.cn

缩短农区羔羊育肥周期的饲养方法

　　我国是世界养羊大国，2014 年绵羊存栏量为 1.58 亿只，占我国羊存栏量的
52.15%。绵羊羔羊肉因肉质好、肉嫩可口、气味芳香，无膻味，且有补气养血温
理等功能而备受消费者欢迎。然而近年来羔羊肉价格居高不下，高于国际市场水
平，重要原因之一即为养羊技术滞后影响了产业的发展和羊肉供应。

　　（1）自羔羊出生至 2 周龄，随母乳喂养，3~8 周龄，由饲喂母乳改为饲喂代乳
品；同时在 10~15 日龄逐渐添加开食料。

南方农区某羊场羔羊育肥

（2）在 8 周龄以后停止饲喂代乳品和开食料，开始饲喂育肥颗粒料，直到 6 月龄出栏。

适宜区域

适合我国各地农区集约化养殖的羊场。

注意事项

羔羊出生后尽快吃足初乳；选择质量有保障的代乳粉和开食料；饲喂代乳粉期间注意饲喂器具的清洗消毒；给羔羊提供一个适宜的环境条件。

效益分析

应用试验表明，采用该技术饲养湖羊羔羊，1~3 月龄日增重达到 300 克 / 天以上，可缩短出栏时间，加快母羊体况恢复。

联系方式

技术依托单位：中国农业科学院饲料研究所

联 系 人：张乃锋

电子邮件：zhangnaifeng@caas.cn

缩短牧区羔羊育肥周期的饲养方法

背景介绍

　　传统的牧区肉羊养殖与一年四季的季节变化密切相关，具有很大的依赖性。冬春两个季节是牧区家畜的生存和生长困难季节，牧区羔羊通常随母哺乳，哺乳时间可以在4个月左右，严重影响了羔羊本身的消化系统发育，也影响母羊的再发情和繁殖。

　　随着我国肉羊产业化经营的不断发展，牧区的肉羊养殖量仍在不断提高，而如何在牧区进行肉羊，尤其是羔羊科学合理的饲养和育肥，缩短育肥周期，在保证牧区羔羊肉的优质高档的同时使牧民肉羊养殖的经济效益最大化，是牧区肉羊养殖行业特别关注的问题。本技术通过利用现代的营养与饲料配制技术建立了一种更合理的饲养模式，使羔羊早期断母乳，进食羔羊专用代乳品，并直接育肥，缩短羊只从出生到出栏的时间，提高养殖效率，让母羊及早恢复体况，进入下一个繁殖周期，提高繁殖效率，达到一年两产或两年三产的目标，最终实现提高牧民收入并减少牧场压力。

南方山区某农户放牧加补饲的羊

技术要点

　　（1）自羔羊出生至4周龄，随母乳喂养，5~10周龄，由饲喂母乳改为饲喂代乳品；同时在10~15日龄逐渐添加开食料。

　　（2）在10周龄以后停止饲喂代乳品和开食料，开始饲喂育肥颗粒料，直到6

月龄出栏。

适宜区域

我国北方及南方有放牧条件的养羊地区。

注意事项

羔羊出生后尽快吃足初乳；选择质量有保障的代乳粉和开食料；饲喂代乳粉期间注意饲喂器具的清洗消毒；给羔羊提供一个适宜的环境条件。

效益分析

应用试验表明，采用该技术饲养羔羊，日增重达到 300 克 / 天以上，可缩短出栏时间，加快母羊体况恢复。

联系方式

技术依托单位：中国农业科学院饲料研究所

联 系 人：张乃锋

电子邮件：zhangnaifeng@caas.cn

哺乳期羔羊（0~2月龄）开食料营养参数

背景介绍

羔羊开食料

羔羊从出生到哺乳期结束，经历了从单胃消化到复胃消化、从以液体乳营养为主向以草料营养为主的转变。该转变阶段是反刍动物生长发育水平最强，饲料利用率最高，开发潜力最大的阶段。0~2月龄的羔羊逐渐采食固体饲料，在很短的时间内经历了巨大的生理和代谢变化，消化系统的结构和功能迅速改变。

技术要点

（1）营养参数。蛋白质和能量对动物起重要作用，蛋白质是动物机体的重要组成成分，蛋白质摄入主要是满足动物机体组成所需氨基酸，而能量则是动物维持生命活动所必需的。饲料中蛋白质和能量含量需要满足动物的需要，且应保持适宜的比例，比例不当会影响营养物质的利用效率并导致营养障碍。哺乳期羔羊开食料适宜粗蛋白质和代谢能水平分别为20%~22%、10.0~11.0兆焦/千克。

（2）推荐配方，见表5。

表5 推荐配方

原料	配比（%）	营养水平	含量（%）
玉米	53	干物质	86.59
豆粕	27	粗蛋白质	20.80
小麦麸	6	代谢能（兆焦/千克）	10.59
预混料	4	粗脂肪	2.89
苜蓿草粉	10	粗纤维	5.03
合计	100	钙	0.41
		总磷	0.24

适宜区域

各地区规模化养羊场。

注意事项

选择优质饲料原料，尤其是苜蓿草；压制成颗粒料饲喂羔羊；颗粒料自由采食，提供充足饮水；给羔羊提供舒适的环境。

效益分析

应用试验表明，20~60日龄湖羊羔羊平均开食料采食量达到300克/天以上，平均日增重达到220~250克/天。

联系方式

技术依托单位：中国农业科学院饲料研究所

联 系 人：张乃锋

电子邮件：zhangnaifeng@caas.cn

断奶羔羊（3~4月龄）开食料营养参数

背景介绍

随着我国规模化养殖的发展，羔羊肉生产成为肉羊产业的发展方向。羔羊组织器官和胃肠道发育程度对其生长发育和生产性能的发挥具有决定性作用。3~4月龄羔羊处于快速生长阶段，其组织器官和胃肠道功能尚未发育完善，其生长发育极易受到环境因素（尤其是营养因素）的影响。

技术要点

羔羊开食料

（1）营养参数。蛋白质和能量对动物起重要作用，蛋白质是动物机体的重要组成成分，蛋白质摄入主要是满足动物机体组成所需氨基酸，而能量则是动物维持生命活动所必需的。饲料中蛋白质和能量含量需要满足动物的需要，且应保持适宜的比例，比例不当会影响营养物质的利用效率并导致营养障碍。断奶后羔羊开食料适宜粗蛋白质和代谢能水平分别为15%~17%、10.5~11.5兆焦/千克。

（2）推荐配方，见表6。

表6　推荐配方

原料	配比（%）	营养水平	含量（%）
玉米	49.3	干物质	87.17
小麦麸	4.4	粗蛋白质	15.74
大豆粕	7.3	粗脂肪	3.38
苜蓿草粉	35	中性洗涤纤维	23.35
预混料	4	钙	0.98
合计	100	总磷	0.60
		代谢能（兆焦/千克）	10.92

适宜区域

各地区规模化养羊场。

注意事项

选择优质饲料原料，尤其是苜蓿草；压制成颗粒料饲喂羔羊；颗粒料自由采食，提供充足饮水；给羔羊提供舒适的环境。

效益分析

应用试验表明，3~4 日龄湖羊羔羊平均开食料采食量达到 1.10 千克 / 天以上，平均日增重达到 250~300 克 / 天。

联系方式

技术依托单位：中国农业科学院饲料研究所

联 系 人：张乃锋

电子邮件：zhangnaifeng@caas.cn

植物乳杆菌在羔羊饲料中的利用技术

背景介绍

在羔羊饲料中添加抗生素可以提高羔羊生长性能及降低腹泻率和死亡率。但抗生素的使用将增加动物体内致病性细菌产生耐药性的风险，并使这些耐药细菌和基因传递给人类。目前，欧盟、韩国等已全面禁止抗生素类添加剂在动物饲料中的应用，其他国家也加大了对抗生素的使用限制。近年来，微生态制剂在促进动物生产性能和动物健康方面有着明显的效果而受到重视。乳杆菌具有提高畜禽生产性能、预防及治疗腹泻的作用，是国内外公认的有效微生态制剂之一。植物乳杆菌 GF103

是中国农业科学院饲料研究所家畜研究室分离提取的一株益生菌，具有促进羔羊生长发育，提高饲料营养物质消化率、降低羔羊粪便中大肠杆菌数量，增强免疫力的作用，起到良好的效果。

羔羊长势良好

技术要点

（1）使用植物乳杆菌和含有该植物乳杆菌的饲料预混剂添加在羔羊日粮中饲喂羔羊，添加适宜量为 10^9 个 / 千克植物乳杆菌。

（2）在初生羔羊的代乳品或乳汁中添加植物乳杆菌，减少了羔羊腹泻，提高羔羊成活率 10% 以上。

（3）为提高植物乳杆菌的使用效果，采用植物乳杆菌发酵羔羊饲料原料大豆粕，降低了豆粕中抗营养因子，如大大降低了尿素酶活性和胰蛋白酶抑制剂含量，从而提高豆粕的消化率。

正在饲喂湖羊羔羊

适宜地区

本技术适用于全国各地养羊区域。

注意事项

（1）一般不与抗生素类药物混合使用，否则会降低效果，甚至诱导植物乳杆菌产生耐药性，可也非抑菌或非杀菌类饲料药物添加剂混合使用。

（2）植物乳杆菌需密闭保存于阴凉、通风、干燥处。

效益分析

在羔羊乳汁或代乳粉中添加植物乳杆菌，提高羔羊成活率10%以上，同时提高羔羊日增重10克以上。每只羔羊育成增加经济效益20元以上。同时，使用植物乳杆菌发酵豆粕原料，提高豆粕在羔羊上的消化率，从而降低了羔羊饲料生产成本。

联系方式

技术依托单位： 安徽省农业科学院畜牧兽医研究所

联 系 人： 江喜春

电子邮箱： jxc76@aliyun.com

羔羊复合益生菌制剂利用技术

羔羊复合益生菌含有大量的芽孢、双歧杆菌等益生菌，用在羔羊日粮中，可改善羔羊胃肠环境，抵制有害菌生长，并且有效分解饲料中的粗纤维等抗营养因子，使营养物质被充分消化吸收，提高羔羊饲料的利用率。同时，提高了羔羊免疫力和降低了羔羊腹泻，提高羔羊成活率和生长速度。

我国益生菌的研制开发和应用并不十分广泛，还处于初级阶段，尤其是羔羊复合益生菌，国外产品也进入我国。尽管目前非抗生素生长促进剂（益生菌）产品还不能完全取代日粮中的抗生素类添加剂，但自应用以来，其应用范围不断扩大，可靠性在逐步提高。逐步减少用于促生长作用的抗生素，转而用对畜禽生长和健康有益的益生菌。复合益生菌在羔羊上的应用将成为未来发展的方向之一。

羔羊正在采食含有益生菌的代乳品

技术要点

（1）复合益生菌的选择。好的益生菌能经受住饲料添加剂的各种加工过程，并保持较强活力，一般要求菌的活性在饲料中的保存期至少在2个月以上。

（2）2月龄以下的羔羊，使用羔羊复合益生菌配羔羊料时，其羔羊瘤胃微生物区系尚未形成，不能大量利用粗饲料，所以应补饲高质量的蛋白质和纤维少、干净脆嫩的干草。补饲的羔羊粗料补充料消化能不低于12千焦/千克，蛋白质不低于17%。

（3）2~6月龄的羔羊，日粮中逐渐增加羔羊日粮的粗纤维，日粮中精粗比为4∶6至3∶7。

适宜地区

本技术适用于全国各地养羊区域。

注意事项

（1）一般不与抗生素类药物混合使用，否则会降低效果，甚至诱导植物乳杆菌产生耐药性，也可与非抑菌或非杀菌类饲料药物添加剂混合使用。

（2）羔羊复合益生菌需密闭保存于阴凉、通风、干燥处。

（3）羔羊复合益生菌现配现用，保证了菌种的活性。

效益分析

羔羊复合益生菌在羔羊饲料的使用，可提高羔羊饲料转化率12%~16%，肉羊日增重提高9%~12%。

联系方式

技术依托单位：安徽省农业科学院畜牧兽医研究所

联 系 人：江喜春

电子邮箱：jxc76@aliyun.com

第五节　母羊饲养技术

母羊围产期精细化饲养管理技术

背景介绍

　　母羊繁殖效率和羔羊成活率决定了"自繁自养"模式的成败，当前舍饲母羊繁殖率低、羔羊成活率低成为制约羊场经济效益提高的关键。羊围产期一般是指母羊产前30天到产后20天这段时间，其管理目标是使母羊安全分娩，顺利产下健康羔羊，并且迅速恢复体况，进入下一个繁殖周期，同时提高羔羊的成活率。围产期饲养管理要紧紧抓住防疫、补饲和产后护理三关。

技术要点

　　（1）母羊临产前一月，摸胎查清胎儿数，根据胎儿数调整日粮营养水平或饲喂量，保证充足的营养供应。减少青贮料的饲喂量，不喂霉料，避免拥挤，防流产。

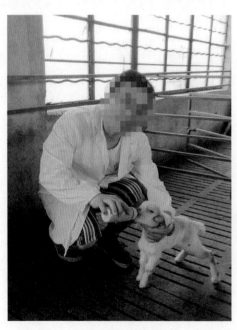

多胎弱羔人工补饲

　　（2）母羊产前30天和15天各注射亚硒酸钠维生素E注射液预防羔羊大肠杆菌病。产前一个月颈部中央1/3处皮下注射0.5毫升破伤风类毒素。

　　（3）接生时，倒提初生羔羊，抹净口鼻耳内的羊水。将羔羊移至母羊视线范围内，让其主动舔净羔羊身上的羊水。天冷时，羔羊要置于保暖箱中。母羊肌注氯前列烯醇（$PGF_{2\alpha}$）和青霉素，促进子宫复原，预防产后感染。

　　（4）羔羊生后30分钟内，用0.1%高锰酸钾溶液清洗母羊乳头，挤掉第一股奶，让羔羊吃初乳。羔羊吃初乳前滴服黄连素或庆大霉素。2~3日龄时肌注牲血素或Fe/Se合剂。

（5）产后母羊和羔羊应注意保暖、防潮、避免贼风。产后 1 小时给母羊喂1.5 升拌有麦麸、食盐的温水，调节消化机能，促进恶露排出。最好产后 3—5天内喂红糖麸皮温水（红糖 100g，麸皮300g），保证母乳充足。3 天内喂易消化的饲料，减少精料量。

羔羊保温箱（兼有补饲功能）

（6）羔羊一般 7 日龄开始诱食，15 日龄开始喂饲草，鲜草应晒至半干再喂。

（7）羔羊达到一定断奶体重时采用逐步断奶法断奶。断奶后立即用生理盐水或0.05% 高锰酸钾、3% 来苏尔清洗母羊乳房，连续 3~5 天，并对乳房创伤和乳房炎进行彻底处理。断奶三天内减少母羊精料喂量。

适宜地区

舍饲繁殖羊场。

注意事项

各操作要点可根据羊场所处地区、既往病史等情况灵活选用。寒冷季节产羔时应注意保暖。产两羔以上的羔羊在吃足初乳后应人工补饲。

效益分析

应用试验表明，围产期加强补饲可降低母羊妊娠毒血症、产前瘫痪的发病率，提高多胎羔羊的初生重和初生窝重，羔羊软瘫综合征发病率和腹泻率明显降低，提高羔羊的断奶成活率。

联系方式

技术依托单位：南京农业大学动科院，江苏省家畜胚胎工程实验室

联 系 人：王子玉

电子邮箱：40188541@qq.com

羊全混合日粮（TMR）制作与饲喂技术

背景介绍

　　羊全混合日粮（Total Mixed Ration，TMR）克服了传统的"精粗分饲"方式易导致的挑食、营养摄入不均衡、代谢病高发、增重效果差等问题。TMR饲喂有利于非常规饲料资源的开发利用，可缓解规模化舍饲羊场青粗饲料资源不足的难题，而且提高饲料适口性、消化率和劳动生产率，降低饲料成本和营养代谢发病率。

技术要点

　　（1）TMR原料预处理。为减轻搅拌机的负荷，提高混合效果和饲料利用率，部分原料在搅拌前应进行预处理：大型草捆应提前散开；长干草切短；块根、块茎类冲洗干净；粗硬秸秆等应预先揉搓、切碎并洒水软化。

TMR的搅拌加工

　　（2）TMR制作方法。

　　① 准确称量。

　　② 投料量不超过搅拌机总容积的70%~80%。投料过程中避免铁器、石块、包装绳、塑料膜等异物混入。

　　③ 投料顺序：投料应遵循先长后短、先粗后细、先干后湿、先轻后重的原则，一般依次是干草、精料、预混料、青贮、湿糟、水等。

　　④ 搅拌时间应根据搅拌设备和饲料原料，测定混合均匀度，确定适宜搅拌时间。一般边投料边搅拌，在最后一种原料投入后再搅拌5~8分钟。

　　⑤ TMR水分一般控制在45%~50%。

　　（3）TMR饲喂技术。

　　① 合理分群：按羊的性别、生产目

的、生理阶段、羊群规模
和设施设备合理分群。

②饲喂量：育肥羊
及特定阶段母羊宜自由采
食，饲喂前 TMR 散料应
有 3% 左右的剩料量，喂
前将剩料清理干净。

③饲喂次数：一般每
天上、下午各投料 1 次，
高温高湿季节宜上午提
早、下午推迟喂料时间。
在两次投料间隔内翻料
1 次。

湖羊 TMR 饲喂

适宜地区

普遍适用于各地区舍饲规模化羊场。

注意事项

饲料原料定期进行营养成分测定。定期进行 TMR 混合均匀度评价。

效益分析

TMR 饲喂技术可充分利用低成本非常规饲料资源，饲料成本降低 5% 以上，
可降低营养代谢病的发病率，减少饲喂次数和劳动强度，提高饲喂效果。

联系方式

技术依托单位： 南京农业大学动科院，江苏省家畜胚胎工程实验室

联 系 人： 王子玉

电子邮箱： 40188541@qq.com

湖羊分阶段精细化饲养管理技术

背景介绍

　　湖羊是我国著名的白色羔皮绵羊品种，是世界著名的高繁殖力绵羊品种之一，已被列入首批 138 个国家级畜禽遗传资源保护品种名录，具有早熟、四季发情、一胎多羔、繁殖力高、泌乳性能好、生长发育快、肉质好、耐湿热等优良性状，湖羊是适合南方地区舍饲养殖的少数绵羊品种之一。原产于我国太湖周边地区，目前已被广泛引入北方地区。为提高湖羊养殖的效益，需规范和促进湖羊分阶段精细化饲养管理技术的推广应用。

技术要点

　　（1）湖羊繁殖母羊的饲养管理

　　① 繁殖母羊应常年保持良好的饲养管理条件，以完成配种、妊娠、哺乳和提高生产性能等任务。

　　② 空怀期母羊应尽快恢复体况。配种前 1 个月应加大精料补饲量，为配种和妊娠做好准备。

　　③ 母羊妊娠前期（妊娠期前 3 个月）以饲喂优质青草、干草、青贮料为主。

　　④ 母羊妊娠后期（妊娠期后 2 个月）应加强饲养管理，保证其营养物质的需要，怀多羔的应重点补饲。

　　⑤ 哺乳前期（1~30 天）应饲喂优质的青草、干草、多汁饲料和适当的精料，以提高产乳量。

　　⑥ 哺乳后期（30 天至断奶）母羊应饲喂全价饲料，可根据体况及产羔数酌情补饲。羔羊断奶前几天，应减少多汁料、青贮料和精料饲喂量。

　　（2）湖羊种公羊的饲养管理

　　① 种公羊要求体质结实、不肥不瘦、精力充沛、性欲旺盛、精液品质好。一般采取单栏饲养，保证充足的运动量。

　　② 根据饲养标准配制营养全面的日粮，补饲料应富含蛋白质、维生素和矿物质，品质优良、易消化、体积小和适口性好。

　　③ 种公羊在非配种期，以吃饱、不掉膘为宜。

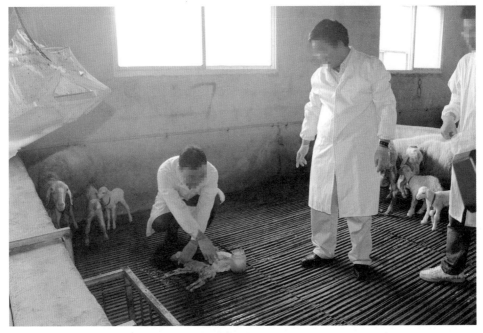

多胎湖羊接产

④ 种公羊在配种前 1~1.5 个月，日粮由非配种期饲养标准逐步提高到配种期的标准（2.0 千克以上饲料单位，250 克以上可消化粗蛋白）。

（3）湖羊育成羊的饲养管理

① 育成羊应按性别、年龄、体重和体质分群饲养。

② 羔羊转入育成羊舍时不宜同时更换饲料，应逐步过渡。

③ 粗饲料自由采食。精料补饲量应根据粗饲料种类等具体条件而定，一般 4 月龄前每只每日补饲精料 0.2~0.3 千克，4 月龄至 6 月龄每只每日补饲精料 0.3~0.4 千克，6 月龄至配种前 1 个月逐步减少补饲，控制膘情。

（4）湖羊育肥羊的饲养管理

① 合理供给饲粮。 根据饲养标准，结合育肥湖羊自身的生长发育特点，确定饲粮组成、日粮供应量或补饲定额，并结合实际的增重效果，及时进行调整。

② 突出经济效益，不要盲目追求日增重最大化。最大化的肉羊增重，往往是以高精料日粮为基础的，肉羊日增重的最大化，并不一定意味着可获得最佳经济效益。

③ 确定合适的育肥期，适时屠宰肥育羊。 根据所处生长发育阶段，确定肥育

期的长短。过短，肥育效果不明显，过长，则饲料报酬低，经济上不合算。

④为提高育肥效果，可采用全价颗粒饲料自由采食。

适宜地区

各地区湖羊舍饲养殖场。

注意事项

（1）湖羊一般一胎多羔，注意妊娠后期母羊补饲及多胎羔羊的哺育。

（2）具体分几个阶段需根据羊场规模、饲料机械及人工情况等灵活调整。

（3）每个阶段换料时应逐步过渡。

效益分析

根据湖羊各阶段的营养需要特点进行精细化饲喂，可降低饲料成本，提高饲喂效果。

联系方式

技术依托单位：南京农业大学动科院，江苏省家畜胚胎工程实验室

联　系　人：王子玉

电子邮箱：40188541@qq.com

羔羊舍饲育肥技术规程

背景介绍

　　羔羊具有增重快、饲料报酬高、产品成本低、生产周期短、肉质好、经济效益高等特点，羔羊育肥指利用羔羊一周岁前生长速度快、饲料报酬高等特点，通过科学饲养，使羔羊在短期内达到预期出栏体重的方法，近年来羔羊育肥生产发展很快。

技术要点

　　（1）育肥羔羊的选择。应选择生长性能优秀的品种，也可选择杂交羔羊，充分利用杂交优势增产。在江苏，山羊杂交羔羊可选择波徐杂交（波尔山羊 × 本地品

山羊 TMR 颗粒饲料快速育肥

育肥羊专用 TMR 颗粒饲料

种徐淮山羊）；绵羊杂交羔羊可选择杜湖杂交（杜泊羊 × 本地品种湖羊）。

（2）育肥日粮。

① 育肥日粮应采用 TMR。所用粗饲料混合前应进行铡切、粉碎或揉搓，精饲料应进行粗粉碎。

② 根据羊的品种、性别、生长阶段分群饲养，并参照各生长阶段羊的饲养标准供给不同的日粮。

③ 应根据当地的饲料、饲草、农副产品及秸秆资源的产量和分布情况，调整日粮的组成及比例。

（3）育肥前的准备。

① 哺乳羔羊应尽早开食，以促进瘤胃的发育。

② 为获得更高的生长速度和更好的肉质，公羔应进行去势。去势一般在羔羊出生后 2~3 周时进行，去势方法可采用橡皮筋结扎法。

③ 育肥前应进行驱虫和接种相关疫苗，减少寄生虫病和传染病的发生。

④ 育肥羔羊应按性别、体重大小分别组群，制定不同饲喂方案。

⑤ 应随机抽样，定期称重，检验各阶段育肥的效果。

（4）育肥期饲喂方法。

① 适应期：从外地购进的羊，1~3 天仅喂干草，自由采食和饮水。干草以青干草为宜，铡短成 2~3cm。4~11 天逐步用适应期日粮代替干草。

② 育肥前期：1~7 天逐步用育肥前期日粮配方替换适应期日粮配方，8~15 天饲喂育肥前期日粮。

③ 育肥中期：16~23 天逐步用育肥中期日粮配方替换育肥前期日粮配方，24~48 天饲喂育肥中期日粮。

④ 育肥后期：49~52 天逐步用育肥后期日粮配方替换育肥中期日粮配方，53~60 天饲喂育肥后期日粮。

⑤ 育肥期间，自由饮水，日粮自由采食，也可根据营养需要量，每日定时定量饲喂。

（5）出栏期。

① 普通山羊羔羊体重达到 25 千克以上，波徐杂交羔羊体重达到 35 千克以上，

绵羊羔羊体重达到 45 千克以上，应及时出栏上市。

②当育肥期未结束，而体重达到目标体重时，若羊只膘情良好即可提前出栏；当育肥期结束，若膘情稍差，可延长 5~10 天出栏，若膘情特别差，应及时淘汰。

适宜地区

适用于以羔羊舍饲育肥生产为主要生产模式的育肥场，其他羊场也可参考使用。

注意事项

育肥前做好分群、防疫及驱虫工作；育肥期间变换日粮应逐步过渡，注意预防酸中毒；育肥前是否去势可根据当地习惯确定；大尾羊应适时断尾；具体出栏体重或出栏日龄应根据活羊市场行情和增重成本灵活调整；为提高育肥效果，可采用全价颗粒饲料育肥或使用育肥专用添加剂，并适当减少运动量。

效益分析

羔羊阶段饲料报酬高，分阶段育肥可节省饲料成本，提高日增重和经济效益。

联系方式

技术依托单位： 江苏省农业科学院

联　系　人： 孟春花

电子邮箱： mengchunhua@jaas.ac.cn

氧化还原平衡型母羊日粮生产技术

妊娠早期和胎盘形成过程中，由于胎儿生长发育的需要，在胎盘激素参与下，母体发生了一系列适应性变化。主要表现为各系统代谢功能旺盛，机体氧耗增加，有关组织的细胞呼吸作用及线粒体的氧化磷酸化作用加强。故此时体内自由基及过氧化脂质的产生增加，子宫局部 ROS（reactive oxygen species，活性氧）水平较高，诱导氧化应激现象。高浓度的 ROS 作为第二信使参与胞内信号途径，影响机体内环境稳态的建立，导致发生氧化应激和氧化损伤，如子宫局部氧化应激水平超过机体的自我调控之后，将导致妊娠并发症，诸如流产、早产、子宫内生长停滞及子痫症等。

母羊奶水足，羔羊成活率高

在多胎动物中，羊的繁殖力较低，羔羊的初生重和成活率也较低。业已证明，伴随着妊娠的进行，繁殖母羊体内的自由基代谢逐渐增加，与此同时，体内的抗氧化水平也相应提高以维持氧化—抗氧化体系平衡，但在妊娠后期至哺乳期激增的 ROS 破坏了自由基稳衡体系，导致氧化应激和氧化损伤，随着母羊胎次的增加，抗氧化能力逐渐减弱，高胎次母羊氧化损伤严重。

技术要点

母羊氧化还原平衡日粮方案采用发明专利（专利申请号 201310557000.7）生产的含有高活性苷元型大豆异黄酮的发酵豆粕配制围产期母羊日粮。母羊氧化还原平衡日粮方案如下。

玉米秸秆粉 40.2%，豆秸粉 30%，玉米 17%，豆粕 5%~9%，苷元型发酵豆粕 2%~6%，食盐 0.3%，预混料 1.5%。

各组分粉碎、称量、混匀、制粒，制作成 TMR 颗粒饲料。

适宜区域

全国各区域均适宜，尤其适用于氧化应激严重的饲养环境。

注意事项

无颗粒饲料制作条件，也可生产成全混合日粮或精料混合料。妊娠后期、哺乳期母羊以及高胎次母羊尤其适用。

效益分析

苷元型异黄酮具有强自由基清除能力，显著提高母羊抗氧化能力，减缓胎盘氧化损伤，促进胎儿发育，提高羔羊初生窝重；促进催乳素、IGF-1 和 EGF 分泌，提高母乳量和乳成分及乳中 IgA、IgG、IgM 的水平，提高羔羊断奶窝重。

联系方式

技术依托单位：上海交通大学

联 系 人：徐建雄

电子邮箱：jxxu1962@sjtu.edu.cn

第六节　母兔和幼仔兔饲养技术

妊娠母兔精细化饲养管理技术

背景介绍

　　妊娠母兔是指配种受胎到分娩产仔这个阶段的母兔，妊娠期平均为 31 天，根据胚胎发育阶段，又分为妊娠前期（1~12 天）、中期（13~20 天）和后期（21~31 天），各阶段的营养需求各有不同，但不少养殖者忽视了这一阶段的饲养，母兔流产、死胎、弱胎等发病率较高。此外，研究表明，仔兔出生以后的体质与成活率均与母兔在妊娠期是否得到优质的饲养管理有着直接的关系。因此，有必要对妊娠母兔开展精细化饲养，以提高养殖效益。

母兔妊娠期分阶段饲喂

技术要点

（1）准确进行妊娠检查。配种后 10~12 天采用摸胎法确认是否妊娠，未妊娠母兔及时进行配种，妊娠母兔做好记录。

（2）分阶段饲喂。妊娠前期（1~12 天），限制饲喂，饲喂量同空怀期，根据母兔体况、体型大小及饲料营养水平增减；妊娠中期（13~20 天），限制饲喂，在原有基础上增加 10%~30% 饲喂量；妊娠后期（21~31 天），自由采食，有条件的场户可在产前 3 天增喂优质青绿饲料。

（3）防止流产。避免近亲交配和过早配种；检胎动作轻柔，不随意捕捉、惊吓母兔；做好疫病防控；保证饲料品质，禁止饲喂发霉变质、冰冻有毒饲料，避免突然换料等。

（4）做好接产工作。预产期前 1~2 天将产仔箱洗净消毒并铺好垫料，母兔产仔后及时将仔兔取出，清理产仔箱内血污，重新更换垫料，对没有吃上初乳的仔兔进行强制哺乳，对产仔数过高或过低的母兔做好寄养工作。

适宜地区

本技术适用于南方地区的肉兔养殖场。

注意事项

（1）保证饮水的供给，特别是母兔产仔时，避免形成食仔癖。
（2）对不会拉毛的母兔要辅助拉毛。
（3）及时将产到箱外的仔兔放回产仔箱。

效益分析

通过本技术的应用，因降低母兔流产、死胎和弱胎的发病率，提高活仔、健仔数，母兔综合繁殖性能提高 5% 左右，有效地降低了母兔的饲养成本，提高了养殖效益。

联系方式

技术依托单位：四川省畜牧科学研究院
联 系 人：李丛艳　　　　**电子邮箱：**licongyan0311@sina.com

南方地区后备母兔初配技术

背景介绍

现代养兔生产的目的是为了提高经济效益，经济效益的高低主要取决于母兔的繁殖性能等。后备母兔的初配技术对母兔繁殖性能是一个重要的影响因素，其中，后备母兔初配时间的早晚对其性机能活动、繁殖性能以及利用年限均有显著影响。目前，我国肉兔养殖生产中后备母兔的初配时间大多凭经验进行，导致母兔终身繁殖性能没有得到充分发挥，严重影响了养殖经济效益。因此，后备母兔的初配技术，对提高母兔综合繁殖性能和养殖经济效益具有重要意义。

技术要点

（1）初配时间。大型品种（弗朗德兔、哈白兔、塞北兔、花巨兔等）初配时间7.0~9.0月龄，中型品种（新西兰兔、加利福尼亚兔等）初配时间6.0~6.5月龄，

初配母兔群体

小型品种（四川白兔、闽西南黑兔等）初配时间4.5~5.0月龄。

（2）初配体重。大型品种初配体重达到3.5~4.0千克，中型品种初配体重达到2.5~3.0千克，小型品种初配体重达到1.8~2.0千克。

（3）主要营养水平。消化能10.50~11.00兆焦/千克，粗蛋白质16.0%~17.0%，粗纤维14%~16%。

母兔初配

适宜地区

全国肉兔主产区。

注意事项

（1）初配体重根据饲养品种和饲养水平进行选择。

（2）推荐的营养水平仅适合第一胎生殖周期，经产母兔参照相关标准执行。

效益分析

目前，在我国南方等地区的养殖企业、专业合作社以及养殖户推广应用该技术，显著提高了母兔的综合繁殖性能和利用年限、降低了母兔的摊销成本。

联系方式

技术依托单位： 四川省畜牧科学研究院

联 系 人： 任永军

电子邮箱： 360167513@qq.com

提高母兔夏季繁殖性能的饲养管理技术

　　肉兔被毛浓密、汗腺不发达、耐热能力差，在高温环境下会产生热应激，母兔繁殖力下降，流产、死胎等多发，甚至引起母兔死亡。南方地区是我国肉兔主产区，由于地处热带亚热带，夏季高温多雨，酷暑难当。因此，大部分养殖场通常在每年的6~8月份时停止配种繁殖，从而造成母兔的年产胎次降低2~3胎，影响了繁殖性能。

打开窗户通风

种植树木遮阳

安装排风扇

兔舍顶棚加盖隔热层

安装湿帘降温

搭建遮阳网

采取各种措施进行降温

技术要点

　　（1）防暑降温。采用各种措施降低兔舍温度，如在兔舍周围种植乔木、藤蔓植物等进行遮阳，兔舍顶棚采用隔热材料，打开窗户、安装风扇和排气扇等加强通风降温，使得兔舍温度保持在32℃以内即可进行繁殖；饮水中可加入藿香正气水、食盐等进行防暑和补液。

（2）提供高能量饲料。给母兔饲喂高营养水平特别是高能量水平的饲料，有条件的可以加喂优质青绿饲料。要调整喂料时间，早上早喂、晚上晚喂，特别是晚上应该多投饲料，以满足夜间温度降低、采食量增大的需求。

种公兔饲养于 25℃以下小环境中

（3）降低繁殖频率。采用延期繁殖，仔兔在 30~35 日龄断奶后再配种；配种时间要选择在清晨或晚上温度较低时进行，利用重复配种或双重配种的方法提高受胎率。

（4）做好公兔的防护。将种公兔单独饲养，温度控制在 25℃以内的小环境中，以维持公兔正常的性欲和精液品质。

适宜地区

南方肉兔饲养地区。

注意事项

若兔舍温度不能降到 32℃以下，建议停止繁殖。

夏季高温高湿，要注意防止饲料霉变。

效益分析

采用该技术每只母兔年产胎次增加 2 胎，以夏季平均每胎出栏商品肉兔 5 只、出栏商品兔的纯收益每只 5 元，扣除因降温和母兔体况消耗带来的损失，合计每只母兔年增益 30 元，有效地提高了养殖收益。

联系方式

技术依托单位：四川省畜牧科学研究院

联 系 人：李丛艳

电子邮箱：licongyan0311@sina.com

南方地区肉用仔兔早期断奶技术

我国是世界第一的养兔大国，南方地区肉兔产量占全国60%以上，但由于高温高湿、雨热同季的气候条件，母兔常常在夏季停止繁殖，从而造成年产胎次少，繁殖率降低。一般仔兔在35日龄断奶，为提高年产胎次，不少养殖场都采用频密和半频密繁殖的方式，由于妊娠和泌乳期重叠，母兔体况下降严重，年淘汰率较高。仔兔早期断奶是充分发挥母兔繁殖潜能的重要措施之一，它不仅能够缩短母兔的胎次间隔、提高年产胎次，还因减少母兔与仔兔的密切接触所引起的病原体传播、降低消化道功能紊乱的发病率，同时还能为仔兔提供适应采食需求的特殊开口料配方，且由于泌乳期缩短，因而能减少合成乳汁所消耗的能量，母兔体况和健康水平均获得改善。

早期断奶仔兔采食仔兔开口料

技术要点

（1）断奶日龄。肉用仔兔在21~28日龄断奶。

（2）饲喂方法。断奶前每日喂奶1次，16日龄前采用专门的仔兔开口料进行诱食补饲，直至35日龄，期间自由采食，平均每只仔兔的日饲喂量从5克左右逐渐增加到30克左右。35~42日龄时逐渐过渡到生长兔料，随后一直饲喂生长兔料直至出栏。

（3）饲养管理。仔兔出生后采用母仔分开饲养，通过寄养或并窝的方式将母兔带仔兔数调整为 8 只左右，定时喂奶，母兔哺乳后 3~5 分钟检查仔兔吃奶情况。35 日龄后按体重大小分成每笼 3~5 只饲养，饲料添加要定时定次，逐渐增加饲喂量。保持清洁的环境卫生，随时观察幼兔的采食、精神以及粪便情况。40~45 日龄进行瘟巴二联苗的免疫，并做好球虫病的防治工作。

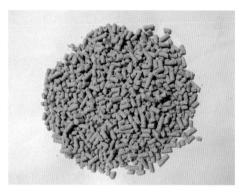

专用仔兔开口料

适宜地区

本技术适用于南方地区肉用仔兔的饲养。

注意事项

（1）断奶前要保证每只仔兔每天都吃饱奶。

（2）仔兔补饲的饲料必须为专用的仔兔开口料，不能以生长兔料或母兔料替代。

效益分析

通过在商品兔场中应用肉用仔兔早期断奶技术，平均每只母兔年产胎次增加 1 胎以上，以平均每胎出栏商品肉兔 7 只，以近年平均兔价和养殖成本差值进行核算，出栏商品兔的纯收益约为每只 5 元，合计每只母兔年增益 35 元，有力地促进了兔农增收和养殖增效。

联系方式

技术依托单位：四川省畜牧科学研究院

联 系 人：李丛艳

电子邮箱：licongyan0311@sina.com

南方地区肉用仔兔开口料配方及生产技术

背景介绍

　　仔兔饲养是肉兔养殖的关键阶段，仔兔断奶重与肉兔的成活率和后期生长发育高度相关。仔兔补饲至断奶阶段，具有消化道发育不完善、消化能力差、抗病力差，同时又营养需要旺盛、生长发育迅速的特殊生理时期特点；另外，同时也处于从液体饲料（乳汁）到固体饲料（颗粒饲料）转变的应急状态中，因此仔兔的饲料配制有其特殊要求。然而，目前市场缺乏针对此阶段的商品饲料，养殖户一般采用生长兔或母兔料饲喂仔兔，造成了仔兔断奶个体重偏低，抗病力弱，成活率较低等问题。因此，研发一种针对仔兔阶段生长发育特点和营养需要的开口料配方及其生产加工工艺，对提高仔兔断奶个体重和成活率，促进肉兔后期的生长发育和健康生长具有重要的作用。

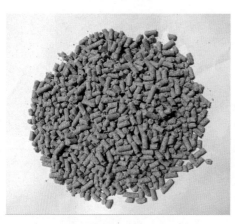

仔兔开口料

技术要点

　　（1）开口料配方的组成。苜蓿草粉28%、膨化玉米17%、乳清粉6%、鱼粉1%、发酵豆粕4.2%、膨化大豆3%、麦麸15%、血浆蛋白粉4%、白糖3.5%、面粉15%、磷酸氢钙0.7%、甲酸钙0.5%、食盐0.5%、赖氨酸0.2%、蛋氨酸0.1%、谷氨酰胺0.2%、色氨酸0.1%和预混料1%。

　　（2）开口料生产工艺参数。生产工艺流程采取分步混合法，大于5%组分的原料通过大料仓加入配料仓，小于5%组分人工混合后通过小料口加入配料仓，然后采用先配后粉工艺，进行粉碎混合制粒即可；加工工艺参数为：粉碎机筛片Φ3.0、调制蒸汽压力0.35兆帕、调质温度80~85℃、调质时间60~90秒、制粒环模孔径Φ2.5、环模压缩比1:8、冷却时间15分钟。

（3）开口料使用方法。在仔兔开眼后，少量颗粒开口料加水溶湿诱食，让仔兔熟悉饲料味道；16日龄开始补饲，刚开始少量添加，随后逐步增加，到20~35日龄后自由采食和自由饮水，35日龄后逐渐过渡到生长兔料。

仔兔开口料专利证书

适宜地区

本技术适用于南方地区肉用仔兔的饲养。

注意事项

（1）开口料保质期相对其他饲料产品要短，建议1个月内使用完毕。

（2）开口料所需原料质量一定要符合饲料卫生质量标准，特别是苜蓿草粉。

效益分析

通过在示范基地推广应用该技术，饲料具有适口性好、易消化吸收、增加免疫力、促进肠道发育和优化肠道环境的营养特点，可显著提高仔兔断奶重100~150克和成活率5%~10%，目前累计推广开口料2 000多吨，有力地促进了兔农增收和养殖增效。

联系方式

技术依托单位：四川省畜牧科学研究院

联 系 人：郭志强

电子邮箱：ygzhiq@126.com

南方地区肉兔仔幼兔环保型矿物质预混料配制技术

背景介绍

仔幼兔生长发育快，对微量矿物元素需要量大，传统仔幼兔矿物质预混料中的矿物元素来源于无机矿物质，但仔幼兔对其消化吸收率偏低，再加上高铜、高锌具有显著的促生长和防腹泻的作用，故传统仔幼兔矿物质预混料中无机矿物质元素添加普遍偏高，造成了高剂量微量元素在仔幼兔体内的残留，而且大量未被吸收的微量元素也对土壤和水源造成了危害。有机微量矿物质元素，具有消化吸收率高、存留少、用量低的特点，是一种新型、高效、环保的营养添加剂，能够促进仔幼兔肠道发育、增强免疫、缓解应激和提高生长速度等作用。因此，研究开发仔幼兔有机微量矿物元素预混料，有助于减少不可再生资源的使用量、降低矿物元素对环境的污染，经济生态效益显著。

仔兔预混料专利证书

技术要点

（1）矿物质预混料组成。蛋氨酸铜（2:1）6%、富马酸亚铁15%、柠檬酸锰7.5%、乳酸锌13%、酵母硒5%、乙二胺双氢碘化物0.2%、碳酸钴0.3%和膨润土53%。

（2）矿物质预混料生产工艺。生产采用多仓两秤配料生产工艺，其中，膨润土一秤，蛋氨酸铜（2:1）、富马酸亚铁、柠檬酸锰、乳酸锌一秤，酵母硒、乙二胺双氢碘化物和碳酸钴人工混合后直接由人工投入混合机混合即成。混合物变异系数小于5.0%。

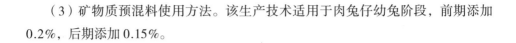

（3）矿物质预混料使用方法。该生产技术适用于肉兔仔幼兔阶段，前期添加0.2%，后期添加0.15%。

适宜地区

本技术适用于南方地区肉用仔幼兔的饲养。

注意事项

（1）本技术生产的产品较传统产品保质期短，建议产品在6个月内使用完毕。

（2）本技术生产的产品在阴凉干燥处储藏，开包后尽快用完，防止氧化变质。

效益分析

本技术生产的肉兔仔幼兔环保型矿物质预混合饲料具有矿物质营养素组成全面、配比均衡、消化率高、用量少、科学环保的特点；具有促进仔幼兔肠道发育、酸化肠道、提高消化道酶活、增加机体免疫、缓解各种应激和提高生长速度等作用；可显著提高仔幼兔对微量矿物质元素的利用效率、节约金属矿物质饲料资源和降低粪污中金属矿物元素对土壤和水源的污染，生态效益显著。

联系方式

技术依托单位：四川省畜牧科学研究院

联 系 人：郭志强

电子邮箱：ygzhiq@126.com

南方地区肉兔仔幼兔精细化饲喂技术

　　我国南方地区肉兔生产方式多种多样，既有养殖能繁母兔存栏 100 只以下的散养户，也有养殖能繁母兔 100~500 只的家庭兔场，还有能繁母兔 1 000 只以上的规模养殖企业。根据调研，目前散养户逐渐退出，家庭兔场稳步发展，是当前肉兔养殖的主体，规模化养殖较快发展，是未来发展方向。家庭兔场以家庭成员为主要劳动力，基本不雇工，或者很少雇工，养殖经验丰富，饲养管理责任心强，对饲料的料重比很关注，一般喜欢营养浓度高、料重比低的饲料，但是上述饲料，又容易造成肉兔拉稀。针对家庭兔场的技术需要，研究了分阶段的精细化饲喂技术，既能保证成活率，又能降低料重比。

肉兔仔幼兔精细化饲喂

技术要点

（1）仔幼兔饲养分为3个阶段，第一阶段为补饲到35日龄，第二阶段为35~56日龄，第三阶段为56日龄到出栏。

（2）第一阶段，饲喂仔兔开口料并按其方法进行饲喂；第二阶段，35~42日龄将开口料平稳过渡到生长兔料，且日饲喂量为日自由采食的80%左右，42~49日龄的日饲喂量为日自由采食的85%左右，49~56日龄的日饲喂量为日自由采食的90%左右；第三阶段，采用自由采食进行饲喂，有青草资源的养殖户，在这个阶段也可饲喂80%的生长兔料，青草自由采食。

（3）本技术中的生长兔料主要营养水平为消化能10.50~11.00兆焦/千克，粗蛋白质16.0%~17.0%，粗纤维为12.0%~14.0%。

适宜地区

本技术适用于南方地区的家庭兔场。

注意事项

（1）仔细观察，根据肉兔不同体重、年龄和精神状态喂料。

（2）在换料阶段或遇天气突变，饮水中添加抗应激药物。

效益分析

本技术在四川、重庆和贵州等地区的家庭兔场得到推广应用，采用该技术，养殖户的商品兔成活率一般能提高8%~10%，饲料节约10%~15%，可提前2~4天出栏。

联系方式

技术依托单位：四川省畜牧科学研究院

联 系 人：郭志强

电子邮箱：ygzhiq@126.com

提高冬季仔兔成活率的饲养管理技术

背景介绍

　　仔兔是指从出生到断奶这一时期的小兔。仔兔出生时全身无毛，体温调节功能不全，10天内的体温基本随气温的变化而变化，30天时被毛基本形成，对环境温度才有一定的适应能力。我国南方地区，兔舍内一般没有配备供暖设备，冬季冷空气侵袭时易引起环境温度下降，如果不注意保温和饲养管理不当，会严重影响仔兔的成活率和生长速度。保证冬季仔兔的成活率是提高养兔效益的重要环节。

技术要点

　　（1）做好接产工作。记录好预产期，注意观察母兔临产征兆，特别要做好冬季产仔夜间值班工作，防止母兔将仔兔产于产仔箱外冻死，母兔产仔后尽快将产箱内血污、死仔等清除，更换垫料。

　　（2）保暖防冻。采取各种措施封闭兔舍，注意通风与保温的平衡，有条件的可以安装升温设施，使兔舍内温度控制在10℃以上。增加产仔箱内垫料、调整兔毛覆盖量并将产仔箱重叠保温，或采用保温箱、红外灯或修建单独的保温室给仔兔保温。

　　（3）母乳要吃早吃饱：要确保仔兔在出生后6~10小时内吃到初乳。增加母兔饲喂量至自由采食以提高泌乳量，根据母兔泌乳量以及窝产仔兔数等，采取催乳、调整哺乳仔兔数、增加喂奶次数等方法，确保每只仔兔吃饱。

封闭门窗

重叠产仔箱

开放式兔舍加装侧帘

使用恒温水箱

采取防寒保暖措施

冬季仔兔随母补饲

（4）及时补饲。18 天开始采用专门的仔兔开口料随母补饲，自由采食。

（5）延迟分群。断奶时将母兔移走，仔兔单独饲喂 1 周后再分群。

适宜地区

南方肉兔饲养地区。

注意事项

（1）禁止给仔兔饲喂青绿饲料。

（2）禁止提供冰冻水，应升至室温后方可饮用。

（3）断奶后适当增加饲养密度。

效益分析

通过应用该技术，兔场冬季仔兔的成活率可以提高 5%~10%，经济效益显著。

联系方式

技术依托单位：四川省畜牧科学研究院

联 系 人：谢晓红

电子邮箱：xiexiaohongl@sina.com

第七节　种鹅和后备鹅饲养技术

仿生法评定鹅饲粮代谢能

背景介绍

传统的饲养和代谢试验等生物学法是建立在动物体内消化的基础上对饲料营养价值进行评定较为科学合理的试验方法，但这些方法耗时长、可重复性差、精确度不高。通过单一饲料原料进行养分消化率的测定，所测值与套算法所得数据往往不一致。仿生法是以体内消化酶特性为依据，在体外酶法的基础上最大程度的模拟消化道内酶对饲粮的消化。消化酶的配制技术不断完善，从最初的单酶法预测饲料蛋白质体内消化率，先后经历了两步法和三步法等多酶法的延伸，以期提高体外模拟条件下的消化能、代谢能与真实值相关性。

技术要点

通过仿生消化法测定 19 个饲料原料样品的仿生干物质消化率、仿生能量消化率和仿生消化能值（酶解能），并与传统的排空强饲法进行比较，探讨仿生法预测饲料代谢能的可行性。通过去盲肠和未去盲肠鹅代谢能的测定获得盲肠内能值变化水平的平均值，进而获得仿生消化能校正值，试验结果表明，仿生法测试精度要高于排空强饲法，仿生能量消化率、仿生消化能值以及仿生干物质消化率变异系数均小于排空强饲法的表观代谢能、表观消化能值和表观干物质消化率，为仿生消化法在鹅饲粮配方中的应用提供参考依据。仿生法测定鹅饲料仿生消化能值得测试精度和变异系数均优于排空强饲法，且仿生法校正能值 SDGE2 与排空强饲法的相对偏差在生物学法对代谢能值的要求范围内，$SDGE2=SDGE~0.020 \times CF^2+0.333 \times CF~0.476$。

适宜区域

全国配合饲料加工企业、南方养鹅地区。

运行中的仿生消化仪

注意事项

仿生消化法要以适宜的消化温度、消化时间以及消化酶活性为前提进行研究。确保体外消化液的酶学特性与内源消化液保持一致。

效益分析

利用仿生法评定鹅代谢能，并根据仿生法和排空强饲法所得数据建立关联方程，避免了试验动物因外界环境因素造成的应激，同时减少饲料营养价值评定的成本，且仿生消化能值的测试精度和变异系数均优于排空强饲法，可在企业大力推广。

联系方式

技术依托单位：华南农业大学动物科学学院

联 系 人：杨　琳

电子邮箱：ylin@scau.edu.cn

配合饲料调制温度和时间对马岗鹅生长性能的影响

背景介绍

　　饲料是畜禽生产上开支最大的一项，饲料加工的目的正是为了充分发挥饲料营养价值的潜力，提高产品质量和饲养效果。饲料加工对动物营养的影响一直是饲料加工工艺学家和营养学家关心的问题，它是科学配方得以实现的保证。将加工工艺学科与动物营养学科有机结合，会使得动物生产性能、畜禽健康和畜产品的质量有更大的提高。调质是使粉料在高温、高压下通入过热蒸汽，使其熟化的过程。它是颗粒饲料生产中的必然环节，在这一过程中可使饲料中很多成分发生变化。

技术要点

　　本试验研究了调质温度和时间对配合饲料品质及 0~3 周龄马岗鹅生长性能的影响。饲料在调质过程中设置 3 个温度水平：TL（81℃）、TM（85℃）、TH（89℃），3 个时间水平：HL（11 秒）、HM（21 秒）、HH（31 秒），即 3×3 因子试验设计。通过饲料加工、饲养试验、代谢试验、屠宰测定及实验室分析研究了不同调质温度和调质时间对饲料品质的影响，以及不同调质温度和调质时间的日粮对 0~3 周龄马岗鹅生长性能的影响，为配合饲料的生产技术提供了数据参考。不同调质处理对饲料中淀粉糊化度、颗粒饲料的含粉率和粉化率影响显著，当调质时间为 31 秒、调质温度为 89℃时所生产的饲料颗粒品质最好。饲料中干物质、粗蛋白质、能量表观代谢率最高的处理分别是 TMHH 处理、TLHH 处理和 TMHH 处理。随着调质时间的延长，饲料中干物质、粗蛋白质、能量的表观代谢率均有升高的趋势。公鹅、母鹅及公母整体的饲料报酬最高处理分别是 TLHL、TMHL、TMHM。

适宜区域

　　全国配合饲料加工企业。

注意事项

　　饲料调制温度和时间要以不影响饲料适口性、营养物质消化率以及节约成本为前提，确定最佳的调制温度和时间。

效益分析

当调质时间为 31 秒、调质温度为 89℃时所生产的饲料颗粒品质最好：含粉率、粉化率和糊化率分别为 2.78%、5.25% 和 73.81%。公鹅、母鹅及公母整体的饲料报酬最高处理分别是 81℃、11 秒，85℃、11 秒，85℃、21 秒，该处理下，料重比分别为 1.51、1.48 和 1.47。

联系方式

技术依托单位：华南农业大学动物科学学院

联 系 人：杨　琳

电子邮箱：ylin@scau.edu.cn

苏氨酸在四川白鹅饲粮中的应用技术

背景介绍

谷物中，苏氨酸有不同程度的缺乏。在玉米型饲粮中，苏氨酸是生长绵羊和牛的限制性氨基酸；苏氨酸也是家禽饲粮中继蛋氨酸、赖氨酸后的第三限制性氨基酸。畜禽日粮添加苏氨酸具有降低饲养成本、促进生长、提高日增重和饲料转化率、改善胴体品质、增强机体免疫力等作用。

技术要点

通过饲养试验探讨苏氨酸对四川白鹅生长性能、肠道指数、血清和肝脏酶活的影响，推荐 1~21 日龄四川白鹅饲粮适宜苏氨酸含量为 0.73%~0.83%；29~70 日龄四川白鹅饲粮适宜苏氨酸含量为 0.60%~0.70%，为确定四川白鹅饲粮中适宜苏氨酸需要量提供参考。

适宜区域

全国配合饲料加工企业、南方养鹅地区。

注意事项

在配合饲料中使用以营养标准为前提确定最经济用量。

效益分析

苏氨酸也是家禽饲粮中继蛋氨酸、赖氨酸后的第三限制性氨基酸，幼龄四川白鹅饲粮中的苏氨酸 0.83% 时，料重比为 1.96；成年四川白鹅饲粮中苏氨酸用量为 0.70% 时，可达到较好的生产性能。

联系方式

技术依托单位：华南农业大学动物科学学院

联 系 人：杨 琳

电子邮箱：ylin@scau.edu.cn

第二章

南方地区经济作物副产物饲料化利用技术

第一节　副产物的营养价值

南方主要经济作物副产物的体外消化性能参数

背景介绍

南方地区经济作物产量丰富，副产物种类和数量巨大，饲料化利用是提高经济作物副产物价值、降低副产物对环境污染的重要技术措施。在饲料化利用过程中，很难对每一种经济作物副产物开展动物饲养试验，采用体外法进行营养价值评价是公认的、简单有效的方法之一。以肉牛瘤胃液为载体，在实验室以体外培养的方法，测定饲料原料的体外产气参数和体外降解率，研究结果可直接用于指导实际生产。

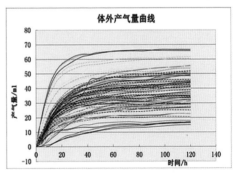

采用瘘管牛收集瘤胃液，测定出 15 种经济作物副产物体外产气量

技术要点

通过体外产气法估测 15 种南方地区经济作物副产物对肉牛饲用的营养价值。

将 15 种参试样品培养 120 小时，在培养过程中分别记录 0 小时、2 小时、4 小时、6 小时、8 小时、10 小时、12 小时、16 小时、20 小时、24 小时、30 小时、36 小时、42 小时、48 小时、60 小时、72 小时、84 小时、96 小时、120 小时各个时间点的产气量，并测定发酵 24 小时、48 小时发酵液的挥发性脂肪酸（VFA）产量、氨态氮（NH_3-N）的浓度、pH 值以及体外干物质消化率。

由各个时间点的产气量情况来看，各种参试样品的产气量均随时间先逐渐升高最后趋于平衡，其中，柑橘渣在各个时间点的产气量以及总产气量（66.41 毫升）均显著高于其他原料（$P<0.01$）；笋壳、玉米壳以及柑橘渣 24 小时及 48 小时的挥发性脂肪酸含量，明显高于其他原料（$P<0.01$），而乙酸 / 丙酸最高的是红苕藤（$P<0.05$）。在 24 小时及 48 小时两个时间点发酵液中氨态氮（NH_3-N）浓度最高的均为红苕藤，差异显著（$P<0.05$）；通过对两个时间点 pH 值的测定，发现培养过程中发酵液的 pH 值保持相对恒定在 6.7~6.9。柑橘渣的体外干物质消化率在两个时间点分别以 56.18% 和 62.42% 保持最高，其次是红苕藤和花生藤。（结论）柑橘渣、桑叶、花生藤、红苕藤、笋壳、玉米壳、象草等原料均可作为新型饲料资源加以开发利用，而麻叶、甘蔗渣、油菜秸秆的利用则需要进一步的研究。

适宜地区

我国南方地区的肉牛产业技术人员、养殖场。

注意事项

本参数应与饲料营养成分数据配合使用。

效益分析

直接用于指导经济作物副产物在饲料中的应用，减少了大量动物饲养试验所需的经费和人力、物力投入。

联系方式

技术依托单位： 中国农业科学院饲料研究所

联 系 人： 屠 焰

电子邮箱： tuyan@caas.cn

象草与 4 种经济作物副产物间组合效应

背景介绍

　　饲草多样化、科学搭配的主要依据是饲草间存在着的组合效应。柑橘渣、桑叶、红苕藤、油菜秸秆等营养物质含量丰富，但饲料利用化程度较低。象草是南方地区常见的饲草，具有营养物质丰富、适应性广，再生能力强、利用年限长等优点。合理的组合将提高饲草的利用率，扩大肉牛养殖饲草资源。以肉牛瘤胃液为载体，以体外培养的方法，测定各饲料原料组合后体外产气参数和体外降解率，筛选出合理的饲料组合，指导实际生产。

技术要点

　　从获取最佳组合效应来看，象草以 25% 的比例与红苕藤组合最佳；象草以 75% 比例与桑叶组合、以 75%、25% 比例与油菜秸秆组合均能改善瘤胃发酵状况；而柑橘渣单独饲喂较好，与象草间的组合效应不太理想。

适宜地区

　　我国南方地区的养殖场。

注意事项

　　饲草如有霉变应废弃，不得饲喂动物。

效益分析

　　直接用于指导经济作物副产物在饲料中的应用，减少了大量动物饲养试验所需的经费和人力、物力投入。

联系方式

　　技术依托单位：中国农业科学院饲料研究所

　　联 系 人：屠　焰

　　电子邮箱：tuyan@caas.cn

浙江地区主要经济作物副产物营养成分数据库

浙江省气候温和，水土肥沃，盛产茶叶、油菜、桑类、甘薯、柑橘等经济作物，同时产出大量秸秆、茎叶类副产物可作为牛羊等草食动物饲料来源，对于浙江省草食畜牧业的发展具有重要意义。掌握这些区域性经济作物副产物的饲用特性对于南方地区充分利用当地资源作为饲料，降低饲养成本具有借鉴作用。

技术要点

据《中国统计年鉴 2014》数据资料显示，浙江省产量较丰富的大田经济作物有薯类、油菜籽、豆类、茶叶、稻谷、玉米等，再将具有浙江特色的芦笋、蚕桑产业列入考虑，根据各作物的大田秸秆系数，加工副产物量计算秸秆及副产物产量，经计算浙江省秸秆类副产物中稻草产量为最多 522.18 万吨，其次为芦笋秸 80.69 万吨，豆秸 54.08 万吨，油菜秸 47.55 万吨，玉米秸秆 32.16 万吨，除此之外，其余副产物的产量也较为丰富，如茶渣 28.28 万吨，薯类藤蔓 26.15 万吨。

项目共采集并测定了 15 种经济作物副产物的营养成分，如表 7 所示。

表 7 经济作物副产物营养成分（干物质基础）　　　　　　　　　　　%

原料	干物质	粗蛋白质	粗脂肪	粗灰分	中性洗涤纤维	酸性洗涤纤维
竹叶	87.2	13.3	3.40	9.00	66.4	32.6
笋壳	11.7	14.0	2.56	6.90	75.0	33.1
甘蔗梢	36.6	5.70	2.40	7.50	78.4	41.8
大头菜	8.64	14.7	2.20	7.44	20.2	17.1
茭白壳	9.30	9.14	3.50	10.5	67.8	36.5
茭白叶（干）	62.6	11.4	4.37	9.20	66.9	34.4
玉米壳	72.5	5.40	0.61	7.60	79.6	36.6
毛豆秸	43.8	6.00	2.60	5.40	65.3	43.2
芦笋秸	52.4	13.0	5.67	7.82	40.2	26.3
茶叶渣（干）	89.0	16.1	5.00	5.35	59.6	39.3

续表

原料	干物质	粗蛋白质	粗脂肪	粗灰分	中性洗涤纤维	酸性洗涤纤维
茶叶渣（湿）	68.2	23.0	7.00	5.20	51.0	31.0
油菜秸（干）	84.0	4.60	2.49	5.60	75.8	54.2
桑叶	33.3	27.0	8.22	5.05	28.1	15.3
甘薯藤	15.2	14.2	4.78	7.98	49.7	31.9
甘薯渣（干）	88.0	3.50	2.30	5.00	14.2	10.7

适宜地区

我国南方地区的肉牛、肉羊产业技术人员、养殖场。

注意事项

由于经济作物副产物收集、储存等受气候影响较大，使用该表时，以干物质基础数据较好对比。

联系方式

技术依托单位：浙江农林大学

联 系 人：王　翀

电子邮箱：wangcong992@163.com

重庆地区主要经济作物副产物营养成分数据库

背景介绍

重庆市经济作物副产物产量丰富，有很多可作为牛羊等草食动物饲料来源，掌握这些区域性经济作物副产物的饲用特性对于南方地区充分利用当地资源作为饲料，降低饲养成本具有借鉴作用。

技术要点

项目共采集并测定了 5 种经济作物副产物的营养成分，如表 8 所示。

表 8　经济作物副产物营养成分（干物质基础）

样品名称	产地	样品说明	总能（兆焦/千克）	粗蛋白质（%）	粗脂肪（%）	粗灰分（%）	钙（%）	总磷（%）	NDF（%）	ADF（%）	酸性洗涤木质素（%）
红苕藤	云阳县渠马镇	风干样	3.65	18.55	3.13	15.11	3.06	0.24	28.83	27.29	6.53
红苕藤	云阳县院庄乡	鲜样	3.68	15.95	2.99	13.28	1.92	0.2	40.66	35.11	9.84
红苕藤	云阳县上游村	风干样	3.81	16.35	2.84	12.32	1.78	0.23	33.53	31.17	7.19
花生苗	云阳县渠马镇	风干样	3.69	9.9	1.83	11.54	2.04	0.12	44.54	41.31	8.81
花生苗	巫山县铜鼓镇	风干样	3.83	10.65	1.37	9.59	1.74	0.17	37.44	34.2	7.45
花生苗	云阳县上游村	风干样	3.91	10.36	2.04	6.88	1.37	0.14	35.93	33.27	6.49
桑叶	云阳县	风干样	3.79	19.12	3.75	10.04	2.33	0.34	19.62	18.31	
桑叶	合川县	风干样	3.90	20.92	4.3	9.73	2.59	0.27	26.03	23.34	
桑叶	荣昌县	风干样	4.16	17.75	9.65	12.84	2.42	0.2	20.06	19.74	
甘蔗渣	云南	风干样	4.14	1.59	0.29	2.08	0.06	0.01	84.4	50.54	
麻竹笋壳	荣昌县	风干样	14.47	8.31	1.19	5.16	0.36	0.01			
麻竹笋节	荣昌县	风干样	15.09	8.73	2.21	5.88	0.51	0.01			

适宜地区

我国南方地区的肉牛、肉羊产业技术人员、养殖场。

注意事项

由于经济作物副产物收集、储存等受气候影响较大，使用该表时，以干物质基础数据较好对比。

联系方式

技术依托单位：重庆市畜牧兽医研究所

联 系 人：邢豫川

电子邮箱：xych1958992@163.com

第二节　副产物加工调制及营养调控技术

甘薯渣固体发酵饲料生产技术

背景介绍

甘薯作为我国粮食作物之一，种植面积约占全世界的70%，年产量在11.7吨以上，占全世界总产量的80%，种植面积和产量均位居世界第一。甘薯渣是甘薯

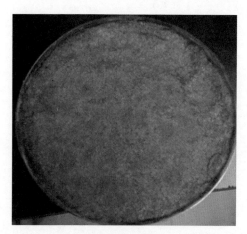

甘薯渣发酵饲料

生产淀粉和粉丝过程中的副产物，新鲜甘薯渣具有含水量大，不易储存，容易腐烂发臭等特点，大多生产厂家将其当作废料丢弃，不仅造成资源的浪费，还严重污染环境。甘薯渣高纤维高淀粉的特性导致其在养殖业中直接饲喂动物阻碍动物生长。此外，甘薯渣含有纤维素、胰蛋白酶抑制因子等抗营养因子，影响动物肠道对营养物质的吸收利用。如何开发和利用甘薯渣资源是当前一些学者主要的研究热点。

技术要点

（1）材料来源。

甘薯渣：来自实验场地附近甘薯加工厂家。

添加剂：在实验场所附近就近购置尿素等无机氮源。

菌种：反刍动物的瘤胃是一个庞大的厌氧发酵罐，瘤胃液中含有多种可消化利用淀粉和纤维素的细菌、真菌、原虫等。本研究通过将瘤胃液穿刺接种入配有一定比例甘薯渣的半斜面培养基中，并在此基础上探究发酵时间和添加无机氮源对甘薯渣蛋白含量的影响。制作时通过给牛安装瘤胃瘘管，通过瘤胃瘘管取瘤胃液。

（2）固态发酵。

固态发酵培养基：以甘薯渣为基础（40%），加入磷酸二氢钾0.5%，硫酸镁

0.3%、尿素 1%。含水量控制在 60% 左右。

发酵最适组合为恒温 30℃，发酵时间 24 小时，瘤胃液接种量为 8%，所用瘤胃液为通过 4 层纱布过滤杂质后的牛瘤胃液，尿素添加 1%。且瘤胃液源于反刍动物对于饲喂反刍动物来说相对安全。

发酵饲料真蛋白可达 29% 以上，粗脂肪 5% 以上。

适宜地区

本技术适用于甘薯渣产量较多的地区。

注意事项

发酵过程中建议每隔 12 小时对发酵产物搅拌一次。

联系方式

技术依托单位： 浙江农林大学

联 系 人： 王　翀

电子邮箱： wangcong992@163.com

亚麻籽饼发酵工艺参数研究

背景介绍

我国亚麻籽资源丰富，而且富含天然的活性成分，粗蛋白质含量丰富，可作为动物的蛋白饲料原料，但因含有生氰糖苷限制其大量应用，导致资源的浪费。因此，快捷、低成本、高效脱毒是实现亚麻籽开发利用的首要任务。目前，常用的脱毒方法主要包括：物理方法（蒸煮、烘烤、微波加热、水煮）、化学方法（溶剂法）、生物法（微生物发酵）、酶法等。其中微生物发酵脱毒法是一种相对高效且环保的处理方法。

技术要点

将亚麻籽饼与黑曲霉、产朊假丝酵母在菌落个数和孢子数量已知的前提下以适当的比例混合均匀，在适宜的温度、湿度、接种量以及时间等发酵条件下进行发酵。经过发酵的亚麻籽饼抗营养因子含量降低，粗蛋白质含量提高，通过四川白鹅代谢试验提高了代谢能，用来饲喂可以取得良好的饲喂效果。

适宜区域

全国亚麻种植区域、全国配合饲料加工企业。

注意事项

要明确亚麻籽饼的生产工艺；以营养标准确定最经济用量。

效益分析

经过发酵的亚麻籽饼粗蛋白质含量由 36.38% 提高到 42.76%，粗纤维含量由 13.29% 降低到 8.73%，HCN 含量由 394.99 毫克/千克降低到 94.05 毫克/千克。

联系方式

技术依托单位：华南农业大学动物科学学院

联 系 人：杨 琳

电子邮箱：ylin@scau.edu.cn

甘薯渣生产蛋白饲料技术

背景介绍

　　甘薯渣高纤维高淀粉的特性导致其在养殖业中直接饲喂动物阻碍动物生长。此外，甘薯渣含有纤维素、胰蛋白酶抑制因子等抗营养因子，影响动物肠道对营养物质的吸收利用。如何开发和利用甘薯渣资源是当前一些学者主要的研究热点。

　　本技术以甘薯渣为原料，掺入尿素等，混入一定量的发酵菌种进行发酵制成蛋白饲料。发酵过程中，发酵菌种可将甘薯渣中含有的大量淀粉以及纤维降解成动物容易消化的短链糖类，发酵菌种在降解过程中还会产生大量菌体蛋白，进一步提高营养价值。

技术要点

　　（1）材料来源。

　　甘薯渣：来自实验场地附近甘薯加工厂家。

　　添加剂：在实验场所附近就近购置尿素等无机氮源。

　　菌种：朊假丝酵母等干粉制剂，及从瘘管牛采集活牛瘤胃液混合菌种。

　　（2）固态发酵。

　　斜面培养基（加富）：甘薯渣培养

液体菌液种子制备

基（甘薯渣 40%，尿素 1%，磷酸二氢钾 0.5%，硫酸镁 0.3%，pH 值自然，121℃灭菌 20 分钟）。配制以甘薯渣为唯一碳源的培养基，氮源为酵母提取物，pH 自然，凝固后做斜面培养基，分装 3 支试管到 2/3 高度。瘤胃液穿刺接种于培养基内，30℃发酵 4 天。

　　液体培养基：10Be 麦芽汁 121℃灭菌 20 分钟。

　　加富培养基，即添加甘薯渣为唯一碳源的营养培养基，可对瘤胃菌进行筛选，选出可分解利用甘薯渣的瘤胃菌。并将培养皿上生长起来的菌落挑落至液体培养基内振荡培养，制成液体种子。

将 100 毫升 LB 培养基分别装入 500 毫升三角瓶中，再将活化的酵母菌分别接种两环到三角瓶中，以 28℃、120 转 / 分摇床培养 24 小时待用。

固态发酵培养基：以甘薯渣为基础，加入磷酸二氢钾 0.5%，硫酸镁 0.3%、尿素 1%~6%，含水量 60%。

36 小时发酵的接种量为 8%，1% 尿素用量，菌种比例为 1：2 的发酵条件比较适合蛋白的生产。

对比原甘薯渣样品，蛋白质含量仅为 3.5%，粗脂肪 2.3%，14.2% 的 NDF 和 10.7% 的 ADF，瘤胃菌种混合酵母共同发酵后，真蛋白的含量有明显的增多，甘薯渣中纤维物质的分解量约在 30%。

生产蛋白饲料的最适条件：发酵时间 36 小时，接种量 12%，尿素添加量为 1%，酵母培养液比瘤胃液菌种培养液比值为 2：1。

发酵饲料真蛋白可达 28% 以上。

适宜地区

本技术适用于甘薯渣产量较多的地区。

注意事项

发酵过程中建议每隔 12 小时对发酵产物搅拌一次。

联系方式

技术依托单位：浙江农林大学

联 系 人：王　翀

电子邮箱：wangcong992@163.com

油菜秸秆与皇竹草混合微贮技术

背景介绍

中国油菜种植面积占世界的1/4，但油菜秸秆的开发和利用率却很低。近年来，因油菜秸秆焚烧所引发的环境污染、毁林、火灾和交通事故屡屡发生。油菜秸秆的纤维含量丰富，且高于小麦秸秆和玉米秸秆，是一种很好的粗饲料来源（乌兰等，2007），可用于反刍动物的生产与养殖。然而，研究表明，油菜秸秆不通过处理直接加入到日粮中会显著降低动物的采食量、消化率及生产性能（Coombe等，1985；Misra等，1995）。原因在于油菜秸秆在瘤胃中的可消化性较低，其平均体外有机物质消化率仅有26.4%（Alexander等，1987），甚至更低（Mishra等，2000）。生产中通过对油菜秸秆进行氨化和碱化处理，在一定程度上能够提高其在动物体内的消化和利用（Chaturvedi等，1998；Coombe等，1985；Mishra等，2000），促进动物增长（Misra等，2000），但残留的碱，如氢氧化钠，会对动物本身和自然环境造成严重的伤害和污染（Haddad等，1994）。

本技术采用的油菜秸秆、新鲜皇竹草混合青贮并加入微生物的加工方法即改善了油菜秸秆的适口性，提高了油菜秸秆的利用率，同时也解决了皇竹草不宜长期贮存的难题，因此是一种绿色环保实用的加工技术。

粉碎的油菜秸秆

切短的皇竹草（3~6厘米）

技术要点

（1）将晒干的油菜秸秆和新鲜的皇竹草按自然重量比例 3：7 备料。

（2）将皇竹草切断（3~6 厘米）和油菜秸秆粉碎，按照 7：3 比例混合均匀，同时按照油菜秸秆和新鲜的皇竹草按自然重量添加 150 毫克 / 千克乳酸粪肠球菌复合菌，采用液体均匀喷洒方式进行混匀。

（3）再用青贮圆捆机打捆、包膜机进行包膜打包，或在青贮窖装填、压实、用塑料薄膜覆盖进行青贮。

（4）在常规条件下微贮 45~60 天即可。

适宜区域

适合种植油菜及皇竹草的南方省区（江西、湖北、湖南、广东、广西、福建）。

注意事项

（1）注意防止老鼠及其他破包。

（2）微贮时间。温度高于 20℃ 45 天即可；低于 10℃ 65 天。

联系方式

技术依托单位：江西农业大学动物科技学院

联 系 人：瞿明仁

电子邮箱：qumingren@sina.com

花生秧青贮、微贮与利用技术

背景介绍

花生是世界上广泛种植的经济作物之一，全世界花生产量以中国、印度、美国最多。我国花生种植面积约460万公顷，是我国重要的农业经济支柱。花生藤是采摘花生后的副产品，在花生大规模生产的同时，花生藤的产量也相当可观，每年为2 000万~3 000万吨，花生藤中的营养物质含量丰富，据分析测定，花生藤蔓茎叶中含有12.9%粗蛋白质（CP）、2%粗脂肪（EE）、46.8%碳水化合物，其中叶的蛋白质含量更高，达20%。在众多作物秸秆中，花生藤的综合价值仅次于苜蓿草粉，明显高于玉米秸、大豆秸，是肉牛很好的饲料。

以往，花生秸以晒干进行保存，不仅造成营养成分损失，而且质地很粗硬，严重影响牛羊采食。因此本技术对花生秧进行青贮或微贮，不仅可以保存花生秧的营养成分，而且可以增加适口性。

技术要点

（1）适时收割。比正常时间提前10天左右收割，刈割高度3~5厘米。

（2）绿汁 + 花生秧 + 红薯藤混合青贮技术。

① 绿汁发酵液制作：将青绿红薯藤打浆，用5倍的冷开水浸泡半小时，两层粗纱布过滤到容器中（如塑料壶），在滤液中加2%的红糖或蔗糖以及1%食盐，

新收购的花生秧

切短的花生秧（3~5厘米）

密封，暗处保存，发酵一定时间（30℃时2天，20℃时3天）。

② 添加绿汁发酵液的混合青贮技术：将花生秧与甘薯藤切短成3~5厘米长，以1∶4比例混合。每吨添加2.5升绿汁发酵液，均匀喷洒。水分调节为65%~75%（用力攥紧原料，手上可见水渍而不滴下）。按常规装填入青贮容器内（如青贮窖、青贮袋）。两个月后饲用。

（3）纤维素酶和微贮活干菌剂的微酶贮藏技术。

① 微酶菌液配制：将市售的纤维素酶或微贮菌剂按说明书复活后倒入配好的0.8%的盐水中，拌匀备用。

② 微酶贮藏技术：将适时收获的花生秧根部铡去，切短为3~5厘米，按常规青贮分层填料，踩紧压实，每层均匀喷洒复合菌液和玉米粉（每吨微酶菌液使贮料含水量达65%，玉米粉2千克），按常规装填入青贮容器内（如青贮窖、青贮袋），40天后就可开窖利用。

适宜区域

适宜于花生种植区域推广应用（江西、湖北、湖南、广东、广西、福建）。

注意事项

（1）注意防止老鼠及其他破包。

（2）微贮时间。温度高于20℃45天即可；低于10℃65天。

联系方式

技术依托单位：江西农业大学动物科技学院

联 系 人：瞿明仁

电子邮箱：qumingren@sina.com

牧草青贮发酵制作技术

背景介绍

    牧草青贮是指将新鲜牧草（含饲用作物）置于厌氧环境下经过乳酸发酵，从而制成一种多汁、耐贮藏的、可供家畜长期利用的饲料的过程。青贮饲料较多地保存了原料的营养成分，特别是带穗玉米秸青贮料，营养物质含量高，柔嫩多汁，芳香可口，是牛羊冬春草荒季节的重要粗饲料。

正在进行青贮原料的切碎

技术要点

（1）原料选择。适合制作青贮饲料的原料很多。野生及栽培牧草，稻草、玉米秸秆、花生秸秆等农作物副作物，红薯、甘薯、甜菜、芜菁等的茎叶以及甘蓝、牛皮菜、苦荬菜等叶菜类饲料作物，均可用于调制青贮饲料。

（2）适时收割青贮原料。在可消化养分产量最高的时期收割。一般玉米在乳熟期至蜡熟期、禾本科牧草在抽穗期、豆科牧草在开花初期收割为宜。

（3）准备青贮设备。青贮窖或青贮池是常用的青贮设备，一般建在地下水位比较低、不易积水的地方。窖池深度以装料和取用方便为宜，但不宜过于宽大，以免开启使用后造成严重浪费。原有青贮饲料用完后，应及时清理青贮设备，将污腐物清除干净后再次青贮使用。

（4）调节水分。一般作物或牧草青贮，含水量60%~70%为好，质地粗硬的原料含水量应低些。原料含水量较高时，可稍稍晾晒，或者掺入粉碎的干草，谷物等含水量少的原料加以调节；含水量过低时，可以掺入新割的含水量较高的原料混合

装填后，压实

密封好的青贮原料正在发酵中

青贮。青贮现场测定水分的方法为：抓一把刚切割的青贮原料用力挤压，若手指缝内有水显现，但又不流下，说明原料水分含量适宜。

（5）切碎。青贮原料在入窖前均需切碎，以便青贮时压实。一般切成2~5厘米的长度。

（6）装填密封。青贮窖以一次性装满为好，即使是大型青贮建筑物，也应在2~3天内装满，以免原料在密封之前腐败变质。装填过程中，每装30厘米压一次，将原料压实，特别注意靠近窖壁和拐角的地方不能留有空隙。原料装填完毕后用塑料薄膜覆盖并填土密封，隔绝空气，防止雨水渗入。

注意事项

青贮料在取用时，要根据所养牛羊的数量和采食量决定开口大小，开口要尽量小。且每次取出青贮饲料后，需用塑料薄膜将表面盖好，使之不通气。防止开封后与空气接触后开始二次发酵，导致青贮料变质。

联系方式

技术依托单位： 江西农业大学，江西省动物营养重点实验室

联 系 人： 瞿明仁

电子邮箱： qumingren@sina.com

饲草裹包青贮技术

背景介绍

裹包青贮是指将收割好的新鲜牧草、秸秆、稻草等各种青绿植物，采取用捆包机高密度压实打捆，然后用专用青贮塑料拉伸膜裹包起来，造成一个最佳的发酵环境。经这样打捆和裹包起来的草，处于密封状态，在厌氧条件下，经3~6个星期，最终完成乳酸型自然发酵的生物化学过程。

裹包青贮与常规青贮一样，有干物质损失较小、可长期保存、质地柔软、具有酸甜清香味、适口性好、消化率高、营养成分损失少等特点。同时还有以下几个优点：制作不受时间、地点的限制，不受存放地点的限制，若能够在棚室内进行加工，也就不受天气的限制了。与其他青贮方式相比，裹包青贮过程的封闭性比较好，通过汁液损失的营养物质也较少，而且不存在二次发酵的现象。此外裹包青贮的运输和使用都比较方便，有利于它的商品化。这对于促进青贮加工产业化的发展具有十分重要的意义。

技术要点

裹包青贮的流程如下：

（1）农作物秸秆选择与制备。在春、夏、秋季节收割的新鲜牧草、玉米秸秆、稻草等各种青绿植物，挑出霉变、腐烂的，切碎程度按饲喂家畜的种类和原料质地来确定最佳的长度，如养牛5~8厘米、养羊3~5厘米。

（2）制备的方法。常用机械制作的裹包青贮为圆柱形，直径55厘米，高65厘

原料粉碎后打捆→裹包→发酵

米，体积 0.154 米，重量约 55 千克。大型机械制作的裹包青贮直径 120 厘米，高 120 厘米，体积 1.356 立方米，重量约 500 千克。打捆好的草捆可用裹包机紧紧地裹起来，可根据裹包质量选择裹包层数。包裹后可以在自然环境下堆放在平整的地上或水泥地上，经过 2~3 周即可完成发酵过程，成为青贮饲料。

注意事项

（1）裹包层数关系到青贮厌氧环境的形成和保持，通常推荐采用的裹包层数为 4 层。但在长期贮藏和含水量较低均不利于良好密封条件的保持，一般认为需要增加裹包层数。

（2）堆放和管理上要常检查青贮裹包完好与密封程度，防止薄膜破损、漏气及雨水进入，发现有破损处，应立即用透明胶带密封。

联系方式

技术依托单位： 江西农业大学，江西省动物营养重点实验室

联 系 人： 瞿明仁

电子邮箱： qumingren@sina.com

苎麻青贮技术

苎麻〔*Boehmerianivea*（L.）Gaudich.〕，又称为中国草，是荨麻科苎麻属多年生草本植物，同时又是一种湿草类速生性多叶植物。苎麻的营养价值十分丰富，粗蛋白质含量达到 20% 左右，赖氨酸含量较高，还含有丰富的类胡萝卜素、维生素 B_2 和钙，被建议作为高品质的青绿牧草用于家畜饲料中。2016 年南方地区重点发展饲用苎麻被农业部列入全国种植业结构调整规划（2016—2020）。但是苎麻可溶性碳水化合物含量较低，缓冲能较高，且收割时水分含量较高，导致其难以单独进行青贮。因此，苎麻的青贮需要特殊的青贮技术。本技术将玉米秸秆或扁穗雀麦或糖蜜等可溶性碳水化合物含量比较丰富的饲料原料和苎麻进行混合青贮，取得了较好的青贮效果。

苎麻

技术要点

（1）苎麻与糖蜜混合青贮。

① 将纤维素酶、果胶酶、植物乳酸杆菌分别按照20单位/克、6单位/克和 1.0×10^7 个/克添加量溶于少量水中，再溶于按照5%添加量的糖蜜中备用。复合青贮剂为现配现用。

② 将苎麻切短至2~3厘米长短，晾晒或烘干至水分含量为60%~65%（用手紧握一把苎麻，手松后缓慢散开，手上没有湿痕）。

③ 将复合青贮剂按比例添加于苎麻中，用圆捆机打捆后用裹包机裹包后进行青贮。

④ 常规条件下青贮30天以上即可使用。

（2）苎麻与玉米秸秆或扁穗雀麦混合青贮。

① 将新鲜苎麻与充分晾晒的玉米秸秆或扁穗雀麦按照1：1或2：3的比例备料（根据玉米秸秆或扁穗雀麦水分含量而定，保证混合后青贮原料水分含量为60%~65%，但是比例不能低于1：1）。

② 将新鲜苎麻与玉米秸秆或扁穗雀麦交替切短至2~3厘米长短，以达到混合均匀的目的。

③ 用圆捆机打捆后用裹包机裹包后进行青贮。

④ 常规条件下青贮42天以上即可使用。

适宜地区

湖北、湖南、江西、四川等苎麻主产区。

注意事项

（1）不使用腐烂、霉变的苎麻、玉米秸秆、扁穗雀麦等原料进行青贮。

（2）注意防止老鼠及其他破包。

（3）使用中要防止二次发酵。

效益分析

（1）预期经济效益分析。

① 苎麻经改饲的经济效益分析。现原麻市场价格为9.0元/千克，每亩地可产

原麻 200 千克，则农户每亩地毛收入为 1 800 元，种植饲用苎麻，每亩地每年可产饲用苎麻 8~10 吨，按照 250 元／吨计算的话，每亩地毛收入则可增加 200 元以上。本项目拟示范 1 万亩（1 亩 ≈ 667 米²）麻园，则可以提高经济效益 200 万元以上。

青贮苎麻

② 苎麻配制羔羊饲料的经济效益分析。用青贮苎麻饲喂羔羊，羔羊精饲料粗蛋白质含量可以降低 2%~4%，每吨精饲料成本可降低 50~100 元，一个年出栏 1 万只育肥羊的羊场精饲料方面可以节约费用 10 万元以上。本项目拟示范 10 万只育肥羊使用，则可以提高经济效益 100 万元以上。

（2）预期的生态效益。

苎麻是国家水利部指定的南方水土保持植物，在坡耕地推广种植苎麻对保持水土，防止水土流失具有重要的意义。

苎麻生产在脱胶过程中废水废渣污染较为严重，将苎麻转为饲用，避免了脱胶环节，使得苎麻产业对环境的污染问题有了较大幅度的缓解。

联系方式

技术依托单位： 湖北省农业科学院畜牧兽医研究所

联 系 人： 魏金涛

电子邮箱： jintao001@163.com

提高反刍动物对油菜秸秆利用率的发酵饲料

背景介绍

我国油菜种植面积大，油菜秸秆资源丰富。油菜秸秆中含有大量的纤维素、半纤维素等碳水化合物，是反刍动物的重要饲料来源。但由于油菜秸秆木质化程度高、秸秆粗硬、适口性差；油菜秸秆中木质素与纤维素形成坚固的酯键结构，瘤胃微生物对其难以降解。若不加工处理，会影响动物采食量，降低生产性能。目前多采用酸化、碱化等方式处理油菜秸秆，但其残留的酸碱会对动物本身造成伤害，而且污染环境。与化学方法相比，利用微生物发酵技术处理油菜秸秆，则绿色、安全、无污染，且可提高饲料的适口性和利用率。香菇菌（*L. edodes*）处理麦秸、稻草、玉米秸时，具有较高的降解木质素的能力，能在降解木质素的同时，仅少量的损耗纤维素、半纤维素等物质。该技术利用食用菌处理油菜秸秆来提高其利用率，具有安全无毒的特点。

技术要点

（1）麦粒培养基制作。将小麦用沸水煮 30~50 分钟，沥干，小麦水分控制在 50%~70%；再加入占小麦重量 0.1%~0.5% 的碳酸钙和占小麦重量 0.5%~1.0% 的硫酸钙，搅拌混合均匀。

粉碎后的油菜秸秆（1~1.5 厘米）　　　　　接种菌种

（2）食用菌麦粒培养。将食用菌从4℃保存的冰箱取出，用接种铲从香菇试管菌种上切取1厘米²的菌块进行培养活化，将活化后的菌种接种于1~4千克麦粒培养基中，20~30℃避光培养10~20天，每隔1~5天定期翻匀。

（3）油菜秸秆固体发酵饲料：将含水量5%~20%干的油菜秸秆切短至1~1.5厘米，按照油菜秸秆与食用菌麦粒按（90~99）:（1~10）的质量比例混

装袋，进行发酵

合均匀，然后加入水，使混合物的水分含量达到60%，再将混合物填装在容器中，上面用塑料薄膜覆盖，在20~25℃固体发酵50天即可。

注意事项

（1）为了获得更好的技术效果，技术要点（1）中，沥干后小麦水分控制在65%，碳酸钙添加量有选为0.2%，硫酸钙添加量优选为0.8%；技术要点（2）中，食用菌活化过程为：在无菌条件下，用接种铲从香菇试管菌种上切取1厘米²的菌块接种至马铃薯葡萄糖琼脂（PDA）培养基上，25℃恒温培养7天，挑选菌丝洁白、粗壮、浓密、无污染的试管斜面作为菌种，接种到麦粒培养基中；技术要点（3）中，油菜秸秆与食用菌麦粒的质量比例优选为（95~97）:（3~5）。

（2）本技术中使用的食用菌处理油菜秸秆，经过25~75天的固态发酵后，能显著提高油菜秸秆CP含量及DM、OM、NDF、ADF、ADL等养分的降解率，提高了油菜秸秆有机物质的体外瘤胃消化率和酶解消化率及发酵液中锰过氧化物酶活性，提高了油菜秸秆有益成分，几丁质含量提高。

联系方式

技术依托单位：江西农业大学，江西省动物营养重点实验室

联 系 人：瞿明仁

电子邮箱：qumingren@sina.com

油菜秸机械化收获及青贮加工一体化技术

目前由于秸秆利用附加值偏低、秸秆生产分散、收集贮运成本过高，导致企业原料供应难以保障，秸秆饲料化利用规模化、产业化进程受阻。加大秸秆收获、打捆等配套设施的研发与利用，加强各项技术之间的集成组装，建立秸秆饲料化生产服务体系，扩大秸秆饲料化生产规模、提高生产水平层次，对支撑和保障我国草食畜牧业发展具有重要作用。中国的油菜总播种面积、产量均占世界第一。年生产油菜秸约3 500万吨。油菜秸的粗蛋白质、粗脂肪含量都很高，可作为反刍动物优良的粗饲料来源。但目前我国油菜秸饲料化利用率很低，大部分被焚烧浪费。为解决油菜秸利用过程中质地松散、收贮不易的问题，研究油菜秸机械化收获加工设备及技术集成具有重要意义。

技术要点

种植技术：机械化收获油菜需密植、矮桩，播种量每亩3万株。

收获技术：油菜在黄熟后期收获，其籽实油脂含量、油脂总收获量及油菜秸营养价值都最高。采用油菜收割机收获，刈割高度为40厘米。油菜收割机可一次性完成切割、喂入、脱粒、清选工作。

加工技术：收获的油菜在留下油菜籽部分后，其余青绿秸秆用揉搓机揉搓，立即用打捆机打成草捆，并及时用裹包机进行青贮。青贮时加入70%左右的黑麦草、稻草，调节水分至65%左右，进行混合青贮，同时添加0.5%青贮菌剂。

油菜秸机械化收获

本技术适用于长江中下游油菜种植区，地势平坦，土地连片，适于机械化生产的地区。

注意事项

　　（1）油菜宜在黄熟后期收获，以保证较高的油菜籽产量及秸秆养分含量。

　　（2）收获的油菜秸宜立即微贮处理，放置数天后的油菜秸营养价值和适口性大大降低。

　　（3）饲喂时注意开包后及时喂完，避免二次发酵。

效益分析

　　油菜秸机械化收获加工利用成本低、效益高。微贮处理后的油菜秸质地柔软，毒性减弱，且具有微贮饲料特有的酸香味，适口性增加，消化率提高。

联系方式

　　技术依托单位：江西农业大学动物科技学院

　　联 系 人：欧阳克蕙

　　电子邮箱：ouyangkehui@sina.com

复合益生菌发酵鲜食大豆秸秆饲料生产技术

背景介绍

　　鲜食大豆是主要的蔬菜品种之一，鲜食大豆秸秆数量多，营养成分相对较高，粗蛋白质、粗脂肪、粗纤维、中性洗涤纤维、酸性洗涤纤维和无氮浸出物分别为12.21%、2.54%、39.73%、54.49%、43.12%和38.40%，但长期来未能得到有效的利用，或被丢弃于河道，造成水体污染或被随意堆放在田间道路两旁，自然堆沤发酵，散发有味气体，成为影响农户生产生活环境的有毒垃圾，成为影响美丽家园减少的主要因素。利用益生菌发酵饲料不仅能改善饲料的适口性，提高饲料的消化率，增加营养物值的吸收，而且能促进动物生长，调节胃肠道菌群，畜禽饲喂益生菌发酵饲料可以提高生产性能和抗病能力，还可以减少抗生素的使用，为人类提供健康安全的动物产品。

技术要点

　　收集新鲜的鲜食大豆秸秆，粉碎后与水、复合益生菌、糖蜜等原料混合，搅拌均匀，密封，发酵即可。鲜食大豆秸秆、水、复合益生菌和糖蜜的重量份数如下：

饲喂发酵鲜食大豆秸秆饲料的崇明白山羊

鲜食大豆秸秆 55~64 份，水 28~37 份，复合益生菌 3~7 份，糖蜜 1~5 份。本方法制备过程无须原料灭菌，发酵工艺简单，生产成本低。

适宜区域

鲜食大豆秸秆主产区，也可用于其他类似农产品副产物地区。

注意事项

粉碎粒度需符合制作 TMR 要求，严格控制厌氧条件，寒冷季节可适当加温。

效益分析

本方法制备的发酵鲜食大豆秸秆饲料质地良好，呈金黄色，有浓烈的香味，能大大提高反刍动物的采食量。发酵饲料中微生物总量 20.73 亿 ~22.49 亿个 / 克，乳酸菌 18.09 亿 ~23.29 亿个 / 克，pH 值为 4.81~4.87，乳酸 7.03~7.30 克 / 千克；发酵后干物质、有机物和蛋白质的降解率分别提高 16.24%、14.38% 和 9.86%。本方法制备的产品与玉米、玉米秸秆、豆粕、预混料制备成 TMR 饲喂肉羊可获得良好的饲养效果。

联系方式

技术依托单位：上海交通大学

联 系 人：徐建雄

电子邮箱：jxxu1962@sjtu.edu.cn

油菜秸秆氨化技术

背景介绍

　　油菜是我国第一大油料作物，主产区在长江中下游平原等南方地区，每年种植面积约670万亩，年产油菜秸约2 000万吨，其转化利用是一个亟须解决的问题。南方地区粗饲料资源短缺，成为制约草食畜牧业发展的瓶颈。油菜秸含有较高的粗蛋白质、粗纤维等营养成分，但油菜秸适口性差、采食率低，自然状态下体积大、易霉变，不便于运输、贮存和饲喂，这些都使油菜秸秆的饲料化利用率很低。秸秆氨化就是在密闭的条件下，将氨源（液氨、氨水、尿素溶液、碳酸氢氨溶液）按一定的比例喷洒到秸秆上，在适宜的温度条件下，经过一定时间的化学反应，从而提高秸秆饲用价值的一种处理秸秆方法。氨化可望改善油菜秸的适口性和消化率等，提高非蛋白氮含量，延长保存时间，从而满足反刍动物饲喂的需要。

油菜收集

技术要点

（1）油菜秸秆可以在新鲜收割脱去油菜籽立即粉碎或防雨保存，避免霉变。

（2）制备过程无须原料灭菌，加工工艺简单，无须高价值的设备，生产成本低。油菜秸秆揉搓粉碎成 0.3~3.0 厘米的小段，与 30% 水、15% 碳酸氢铵混合，搅拌均匀，密封入大塑料袋或氨化池中，氨化 21 天即可。

（3）混匀后氨化过程中对厌氧环境要求不严，可以因地制宜。

（4）制备的氨化油菜秸秆饲料质地良好，呈金黄色，羊喜食，与青贮饲料混合饲用能提高采食量和氮转化率，制备成 TMR 饲喂肉羊可获得良好的饲养效果。

适宜区域

油菜秸秆主产区。

注意事项

饲喂前打开氨化密闭包装，适当释放氨味，与精粗料搅拌混匀，采用 TMR 饲喂，不影响采食。粉碎粒度需符合制作 TMR 要求，严格控制水分添加比例。油菜秸在日粮中的添加比例以 20% 为宜。

效益分析

油菜秸原料成本低，可显著降低饲料成本。氨化处理组油菜秸秆 CP 含量增加，EE、NDF 和 ADF 含量下降。DM 和 CP 的有效降解率均显著高于对照组。

联系方式

技术依托单位：江苏省农业科学院

联 系 人：孟春花

联系方式：mengchunhua@jaas.ac.cn

甘蔗梢裹包青贮技术

背景介绍

甘蔗梢（甘蔗尾叶）是甘蔗收获时砍下的顶上嫩节和叶片的统称，我国甘蔗种植面积约2 600万亩，鲜甘蔗梢产量约4 160万吨。甘蔗梢含有丰富的蛋白质、糖分及多种氨基酸和维生素。但由于含水量高、易霉变、不易晒干且干枯后适口性差等原因，总体利用率较低，目前绝大多数被废弃，造成了环境污染和资源浪费，其饲料化利用潜力巨大。饲料成本约占草食家畜总成本的65%~85%，开发利用甘蔗梢、延长保存期对解决南方地区草食动物粗饲料来源不足、饲料成本高的难题意义重大。现有的甘蔗梢饲料化方案主要是鲜喂或晒干后揉搓粉碎做草粉等，存在饲喂期短、适口性较差等弊端。裹包青贮不仅保持了青绿饲料的新鲜状态和大部分营养成分，而且具有保存时间长、便于运输、柔软多汁和适口性好等优点，提高消化率和营养价值，降低草食家畜的饲料成本。

鲜甘蔗梢揉搓切断

技术要点

（1）收集。将收获的鲜甘蔗梢扎成捆，及时青贮或疏松堆放于通风处，避免雨淋和霉变；尽量及时青贮，若无法及时青贮，应疏松堆放于通风处。

（2）水分调节。选择以下四种方案中的一种进行处理。

甘蔗梢水分调整

方案一、甘蔗梢的水分 >72% 时，在揉搓粉碎前混入干稻草和干玉米秸中的至少一种，调节含水量至 66%~68%。

方案二、甘蔗梢的水分 <65% 时，揉搓粉碎时均匀喷水或尿素溶液调节含水量至 66%~68%。

方案三、甘蔗梢的水分在 65%~72% 时直接揉搓粉碎。

方案四、在揉搓粉碎前直接向甘蔗梢中混入干稻草和干玉米秸中的至少一种，揉搓粉碎时均匀喷入尿素溶液，并将含水量调节到 66%~68%。

（3）揉搓粉碎：用揉搓粉碎机揉搓成丝状或片状，顶稍部分长度控制在 6 厘米以内。

（4）拉伸膜裹包青贮：甘蔗梢含糖量较高，无须添加青贮发酵剂。将揉搓粉碎后的甘蔗梢打捆裹包密封，选择高强度、回缩性好的聚乙烯薄膜，利用裹包机将圆捆裹包 4 层。关键在于保证揉碎、压实、密封三个环节，若有破损及时用宽胶带封严。

（5）发酵时间：冬季低温时发酵 30~50 天，春季发酵 20~40 天。

（6）饲喂：可参照青贮玉米的添加比例及饲喂方法。

适宜地区

南方甘蔗主产区。

裹包青贮甘蔗梢饲喂湖羊

注意事项

甘蔗收获后及时收集甘蔗梢，并尽快制作青贮；裹包注意密封，防止霉变；甘蔗梢含糖量较高，开封后易二次发酵，易招蚊蝇，开封后应尽快使用完。

效益分析

甘蔗梢目前大多被废弃，其在牛羊上的利用将显著降低饲料成本，经济、生态效益显著。裹包青贮甘蔗梢色泽鲜绿，气味芳香，没有鲜甘蔗梢叶片上的粗硬毛，适口性好。与青贮玉米的对比饲喂试验证实，裹包青贮甘蔗梢可完全替代青贮玉米。

联系方式

技术依托单位： 南京农业大学动科院，江苏省家畜胚胎工程实验室

联 系 人： 王子玉

电子邮箱： 40188541@qq.com

麻竹笋微贮技术

竹笋加工后的剩余物经过高温和蒸煮处理，水分含量大，而且加工季节气温高、雨量大，如不及时处理易腐败变质，因此，研究竹笋加工剩余物的贮藏技术十分重要。有研究发现，乳酸菌能减少酵母菌和霉菌的产生，有效抑制肠球菌和肺炎克雷伯菌等有害细菌及其他微生物的生长，显著增加青贮中乙酸和丙酸的含量。刘贤的研究表明，使用添加剂能提高青贮的感官评定，乳酸菌和酶制剂的混合制剂能够降低青贮饲料中 NDF 和 ADF 含量。本技术在麻竹笋加工剩余物的贮存中，添加了酶制剂、菌制剂和酶制剂与乳酸菌的混合物，取得较好效果。

麻竹笋收集

技术要点

（1）用秸秆揉丝机把麻竹笋加工剩余物粉碎揉丝，压榨脱水，同时按照压榨脱水的麻竹笋加工剩余物添加 30 克 / 千克的玉米面，搅拌均匀。

（2）再添加 7 毫克 / 千克植物乳杆菌、3 毫克 / 千克布氏乳杆菌和 50 克 / 千克水，采用液体均匀喷洒方式进行混匀。

（3）用青贮圆捆机打捆，最后圆捆包膜机进行覆膜。

（4）在常规条件下微贮 45~60 天即可。

麻竹笋青贮

适宜区域

适合种植麻竹笋的南方省区（广东、重庆、浙江、四川、广西、福建）。

注意事项

注意防止老鼠及装车等破包。

联系方式

技术依托单位：重庆市畜牧科学院

联 系 人：邢豫川　黄德均

电子邮件：xkyhdj@163.com

芦笋秸秆青贮技术

背景介绍

芦笋以其丰富的营养与药用价值而著称于世，被列为世界"十大名菜"之一。然而有研究发现供人类食用的芦笋嫩芽仅占总产量的 23.5%，其余 76.5% 的茎秆被当做废弃物任其腐烂或就地焚烧。同时，在芦笋加工过程中，会产生 10%~30% 的下脚料，这些下脚料营养丰富，但大多未得到利用，导致极大的浪费。芦笋秸秆营养成分丰富，且产量较大，可达到 80.69 万吨 / 年，作为草食动物饲料的潜力巨大。

青贮芦笋秸秆，气味酸香，牛羊喜食

技术要点

芦笋茎叶：收集后萎凋 4 小时后，控制干物质在 65%~70%，进行铡短处理，理论切成 3~5 厘米长度。

裹包青贮：用压捆机将铡短的芦笋茎叶进行打捆，圆柱形青贮捆高度 50 厘米，直径 50 厘米，之后用 3 层拉伸膜裹包。打捆密度分别为 500 千克力米 / 米³。所有裹包芦笋茎叶 2 层竖放堆捆，置于半开放式草料库室温 21 度左右贮存 8~9 周即可使用。

窖贮：青贮窖四周墙壁铺塑料薄膜，防止漏水透气，装填覆盖芦笋茎叶后，人力夯实，经多次覆盖夯实后，表面盖上塑料薄膜，并用轮胎镇压。室温下贮存 8~9 周即可使用。

两种方式青贮芦笋茎叶的发酵品质和营养成分相近，裹包青贮的芦笋茎叶鲜干比、酸性洗涤纤维含量高于窖贮 5.2%，8.9%，而粗蛋白质、粗灰分分别略低于窖贮 4.6% 和 13.4%，pH 值分别 4.04 和 3.71，但这些差异都不显著。

开窖后控制青贮芦笋秸秆的干物质在 30% 以上，粗蛋白质在 9% 以上，则说明制作成功，可用作动物饲料。

与传统窖贮相比，裹包青贮方式操作简便灵活，不存在二次发酵，现用现开，且具有损失少、体积小、密度大、包装适当易于运输等优点，达到充分利用本地丰富的农作物秸秆资源的目的，保证冬春季节青绿饲料的均衡供应。

适宜地区

南方芦笋产量集中地区。在集中的产地比较容易收集芦笋秸秆。

注意事项

南方地区气候潮湿，青贮原料若未及时处理，也会增加青贮成品出现霉变的风险。

效益分析

采用青贮方式对芦笋秸秆进行处理，可制成适合牛羊的良好饲料，在浙江已经试点制作 100 余吨，很好利用了芦笋秸秆资源，减轻了环境负担。

联系方式

技术依托单位：浙江农林大学

联 系 人：王　翀

电子邮箱：wangcong992@163.com

笋壳颗粒化技术

背景介绍

我国南方省份,森林覆盖率高,山地多。得天独厚的地理条件、生态环境和资源优势,为毛竹产业的发展奠定了良好的基础,也为发展食草动物提供了宝贵的非常规饲料资源。

竹笋加工剩余物除了少量用于鲜饲牛羊外,大部分被当作垃圾随意倾倒,大量营养物质流失,进入水体后造成富营养化,导致生态环境的严重污染。而反刍动物能够很好地利用纤维类物质,可以高效利用劣质的饲料资源,这为竹笋加工剩余物的生态高效利用提供了有效解决途径。如果科学利用竹笋加工剩余物资源,以森林资源的无污染化利用为基础,减少使用昂贵饲料资源,在开发非常规饲料资源的同时也减少了对环境的污染,具有明显的经济、社会和生态效益。

粉碎的笋壳和制粒的笋壳

技术要点

笋壳可直接通过颗粒机制粒,成为颗粒饲料。

笋壳需要在制作颗粒饲料前进行预处理,水分控制在15%左右,切断或揉丝至1~3厘米长。采用环模颗粒机进行制粒,可加入适量玉米或者混合精料作为黏结剂,增加成型率。调整模板,使得颗粒饲料外形尺寸为5~10厘米(长)×10毫米(直径)的圆柱状。

颗粒制作好后要对笋壳颗粒进行冷却、晾晒,去除多余水分,可延长存放时间。

如表9所示为测定的笋壳颗粒料饲料营养成分,粗蛋白质达到12%,NDF为

69%，ADF 为 38%，可以作为反刍动物很好的粗饲料。

表 9　笋壳颗粒饲料营养成分（风干物质基础）　　%

项目	DM	CP	EE	Ash	NDF	ADF
笋壳颗粒	87.2	12.0	8.0	10.5	69.0	38.0

如果通过在笋壳中添加一定的精料并混合均匀，能够有较好的成型率。颗粒加 30%~40% 精料成型效果较好，可用作反刍动物的全价日粮。

笋壳颗粒，气味糊香，牛羊喜食

适宜地区

南方芦笋产量集中地区。在集中的产地比较容易收集芦笋秸秆。

注意事项

注意不要使用霉变腐烂的笋壳作为颗粒饲料的原料。制粒时水分控制在 15% 左右。

笋壳中添加 30% 以上的精料时成型率较高。

制作过程中避免铁块、石块等杂物的混入。

开动制粒设备时不应使喂料量瞬间到达最大，应一边慢慢加入少许物料，5~10 分钟时才使喂料量达到理想值。

效益分析

在浙江嘉兴、湖州等地进行湖羊颗粒饲料推广应用于 5 000 余头湖羊，可增加湖羊的采食量，降低饲料成本，并且很好利用了笋壳资源，变废为宝。

联系方式

技术依托单位：浙江农林大学

联 系 人：王　翀

电子邮箱：wangcong992@163.com

第三章

经济作物副产物在草食畜禽日粮中的应用技术

第一节　副产物在牛日粮中的应用技术

柑橘渣在犊牛日粮中的应用技术

　　柑橘在重庆市产量丰富，榨汁后剩余残渣如得不到合理应用，会对环境造成污染。对于反刍动物来说，柑橘渣营养成分含量丰富，具有利用的潜力。

犊牛正在采食含柑橘渣的饲粮

技术要点

　　由以下重量份的原料组成：玉米 39.4%~49.4%，柑橘渣 10%~20%，小麦麸 11%，豆粕 21%，磷酸氢钙 1.3%，石粉 1.3%，食盐 1%，预混料 5%。所述预混料为每千克上述饲料中含有的营养成分：其中维生素 A18 000 国际单位，维生素 D19 800 国际单位，维生素 E100 毫克，Fe 60 毫克，Cu 34 毫克，Mn 90 毫克，Zn 100 毫克，Mg 1 650 毫克，Co 1.2 毫克，D-biotin 1.2 毫克。粗饲料为羊草，精粗比例为 40：60，自由饮水，日喂 2 次（08：00、15：30），顺序为先喂粗饲料，再喂精料补充料。每天清扫圈舍，保持牛舍清洁卫生，密切观察牛只健康状况、行为表现和采食规律。

适宜区域

　　南方柑橘产区。

注意事项

　　（1）柑橘渣如有霉变，不得饲喂。

　　（2）饲喂前驱虫、健胃 1~2 次。

　　（3）精料补充料饲喂量逐渐增加。

联系方式

　　技术依托单位： 重庆市畜牧科学院

　　联 系 人： 邢豫川　黄德均

　　电子邮箱： xkyhdj@163.com

微贮麻竹笋在犊牛日粮中的应用技术

竹子是禾本科竹亚科多年生植物，广泛分布于热带、亚热带和温暖带地区。我国拥有十分丰富的竹类资源，主要分布于四川、广州、福建、浙江等省市。竹笋是竹鞭或杆基上的芽萌发分化而成的膨大的芽和幼嫩的茎，它质嫩味美，含有丰富的氨基酸、多种矿物质元素、维生素以及纤维、半纤维、木质素、膳食纤维等，竹笋为食用蔬菜，具有甜、嫩、脆的特点。具有较高的营养价值。随着笋用林和笋竹两用林丰产技术的推广，我国鲜竹笋产量逐渐递增，2006 年产竹笋 500 万 ~600 万吨，除 40% 鲜销外，其余均用于罐头笋和笋干的加工。荣昌县种植面积达到了 13 万亩，种植麻竹的农户达 5 万余户，年产鲜竹笋近 10 万余吨，誉为"中国麻竹笋之乡"。但竹笋加工企业生产品种比较单一，对原材料的利用率较低，竹笋罐头厂对原料笋的利用率为 30%~40%。大量的加工剩余物或作为燃料，或作为废弃物。

微贮麻竹笋饲喂肉牛

这不仅造成了森林资源的严重浪费，而且造成了周围环境的严重污染，因此，如何充分有效地利用竹笋，提高竹林资源的利用率，减少对环境的污染，就成了当前迫切需要解决的问题。我国南方竹笋加工剩余物资源极其丰富，开发其饲用价值是解决畜牧业饲料不足的有效途径之一。

技术要点

微贮麻竹笋微贮发酵45天以上，粗饲料为干草（稻草）和微贮麻竹笋，精料补充料为商品犊牛精料补充料，自由饮水，日喂2次（6∶30、16∶30），顺序为先喂稻草和精料补充料，再喂微贮麻竹笋。稻草日饲喂量0.5千克，精料补充料为体重的1%~1.5%，微贮麻竹笋自由采食，日采食量为4~9千克，每天清扫圈舍，保持牛舍清洁卫生，密切观察牛只健康状况、行为表现和采食规律。

适宜区域

麻竹笋产区。

注意事项

微贮麻竹笋饲喂量逐渐增加，密切关注犊牛呕吐、腹泻、酸中毒等问题。

联系方式

技术依托单位：重庆市畜牧科学院

联 系 人：邢豫川　黄德均

电子邮箱：xkyhdj@163.com

青贮麻竹笋加工剩余物在肉用犊牛日粮中的应用技术

背景介绍

重庆地区具有丰富的麻竹笋资源，在竹笋加工制作过程中一般只取其幼嫩的笋体尖部作为蔬菜食用，剩余大部分不能够被人食用的笋壳竹头和笋结剩余物通常作为废料被丢弃，污染环境，占用土地，造成了笋资源、人力和物力上的浪费。据测定数据显示这些剩余物中也具有较丰富的营养物质，其粗蛋白质含量较高，粗纤维品质优良，可通过合理的加工调制方法，制成动物的饲料，促进麻竹笋产业和草食性畜养殖业的共同发展。

技术要点

用秸秆揉丝机把麻竹笋加工剩余物（笋壳、笋结）粉碎揉丝，压榨脱水，用青贮圆捆机打捆覆膜，按常规青贮技术在适宜条件下制作而成。营养成分测定结果若干物质在30%以上，粗蛋白质在9%以上，则说明制作成功，可用作犊牛饲料。

饲喂肉用犊牛时，精料可选择常规犊牛料。可使青贮麻竹笋加工副产物的饲喂量占粗饲料干物质的30%，干草（或其他干草）占70%进行搭配饲喂，精料饲喂量占犊牛体重1%~1.5%。日喂2次，顺序为先粗后精，自由饮水。应在打开青贮包装当天用完，防止青贮变质与水分散失而影响适口性。饲喂过程中应逐渐加量，注意犊牛的反应与采食量的变化。如果饲喂过多的青贮，犊牛可能出现呕吐褐色胃内容物现象，6月龄内犊牛饲喂量以鲜重不超过5千克为宜。青贮麻竹笋加工剩余物具有酸香味，适口性较好，大部分犊牛喜爱采食，但有个别犊牛不喜采食，或者出现采食后呕吐胃内容物现

麻竹笋加工剩余物青贮成品

象。青贮麻竹笋加工副产物可作为新型饲料资源加以开发利用。

适宜区域

适合种植麻竹笋的南方省区市（广东、重庆、浙江、四川、广西、福建）。

注意事项

犊牛采食青贮麻竹笋加工副产物

（1）避免青贮原料的水分过高。

（2）若发现有霉变情况应避免饲喂犊牛，并且饲喂量不宜过多，与干草配合饲喂效果较好。

（3）适宜在麻竹笋产地集中地区就地制作青贮，避免长途运输费用高昂，及装卸不当造成的品质变化与包装破损。

效益分析

通过饲喂青贮麻竹笋加工剩余物，试验组牛无不良反应，试验组均日增重比对照组高160克，可节约饲料成本，提高了养殖效益。

联系方式

技术依托单位：重庆市畜牧科学院

联 系 人：邢豫川　孙晓燕

电子邮件：sxyecho@163.com

甘蔗梢在生长期肉牛日粮中的利用技术

背景介绍

甘蔗叶梢是甘蔗收获后的副产品，具有产量大、产地集中、易于收购、成本低等特点。其营养价值高，经测定 1 千克甘蔗叶梢（干物质）含消化能约 5.68 兆焦、精蛋白质 3%~6%，大约 3.5 千克甘蔗叶与 1 千克玉米的营养价值相当。利用甘蔗叶梢作青粗饲料，不但可解决牛、羊越冬度春青饲料不足的矛盾，而且节约粮食。作为肉牛饲料可以降低生产成本，提高肉牛日增重。但由于甘蔗梢季节性强，水分大，不易贮存，导致其利用率较低。目前除小部分鲜喂牛外，大部分都被浪费。根据大量的研究表明采取以下措施可大大提高甘蔗梢的饲用价值。

技术要点

甘蔗是肉牛的优质青绿饲料。但目前除小部分鲜喂牛外，大部分都被浪费。根据大量的事实和研究表明采取以下措施可大大提高甘蔗梢的饲用价值。

（1）适时刈割。甘蔗的成熟期一般在每年的 11—12 月，但此时，易受到霜、雪的影响，而使叶片和甘蔗梢的养分受损，对叶片和甘蔗梢进行适时刈割，可提高甘蔗梢及叶片的饲用价值。

（2）粉碎或切割处理。甘蔗梢的粗纤维含量高，如果直接饲喂，牛只会采食叶片和鲜嫩部分，大部分被浪费，进行粉碎或切割处理后，可大大提高甘蔗梢的适口

甘蔗稍

甘蔗稍切短饲喂

甘蔗稍青贮

性，从而提高利用率。

（3）青贮处理。对叶片和甘蔗梢进行青贮，特别是地面青贮，效果很好。

（4）晒干后粉碎，饲喂时用水拌匀或加到精料中饲喂，效果更好。

（5）甘蔗梢能量蛋白水平低，为保证营养的全面性，最好与精料补充料结合饲喂。

适宜区域

本技术适用于南方甘蔗种植地区肉用牛的饲养。

注意事项

（1）青贮时要将甘蔗梢切碎、压紧，保证青贮成功。

（2）在青贮时加0.5%~1.0%的尿素，或者利用糖蜜、尿素与甘蔗梢叶混配，机械压块、装袋、密封作饲料，可以提高粗饲料的适口性和营养价值。

（3）塑料袋青贮时要注意防止破袋，避免漏气造成损失。窖式青贮要注意防止雨水渗漏，老鼠打洞破坏青贮窖密封情况。

效益分析

目前甘蔗梢叶的收购价在150元/吨左右，经过处理的甘蔗梢叶质地松软、气味香醇，适口性增强，贮存时间延长，比单纯切短鲜喂的效果好。青贮后甘蔗梢叶组效益比对照组提高25%，效益明显。

联系方式

技术依托单位：江西农业大学，江西省动物营养重点实验室

联 系 人：瞿明仁

电子邮箱：qumingren@sina.com

氨化油菜秸肉牛饲用技术

背景介绍

　　油菜是我国第一大油料作物，主产区在长江中下游平原等南方地区，每年种植面积约 670 万亩，年产油菜秸约 2 000 万吨。油菜秸含有较高的粗蛋白质、粗纤维等营养成分，但油菜秸适口性差、采食率低，自然状态下体积大、易霉变，不便于运输、贮存和饲喂，这些都使油菜秸秆的饲料化利用率很低。氨化可望改善油菜秸的适口性和消化率等，提高非蛋白氮含量，延长保存时间，从而满足反刍动物饲喂的需要。

粉碎的油菜秸

技术要点

添加 30% 水和 3.5% 氨量的尿素氨化油菜秸，可使油菜秸蛋白质含量显著提高，纤维含量显著降低。称取 62.80 克尿素溶于 300 毫升水中，均匀喷在 1 千克油菜秸上，装入封口袋，双层密封，室温保存，春夏秋季节氨化 30 天，冬季适当延长时间。

成年肉牛日粮由精料和粗料组成，精粗比 3∶7。利用氨化油菜秸替代 40% 玉米秸做粗料，可提高肉牛日增重，降低料重比。精料组成见表 10。

表 10　精料组成及日粮水平（风干基础）

日粮组成	比例（%）	营养水平	含量
玉米	62.0	干物质（%）	89.27
麦麸	15.0	综合净能（兆焦/千克，DM）	5.32
棉籽粕	10.0	粗蛋白质（%）	14.43
菜籽粕	10.0	Ca（%）	0.63
磷酸氢钙	0.6	P（%）	0.30
石粉	0.8		
食盐	0.6		
预混料*	1.0		

*注：预混料组成如下：维生素 A 550 000 国际单位；维生素 D 380 000 国际单位；维生素 E 2 200 000 国际单位；烟酸 100 克/千克；铜 2 克/千克；铁 10 克/千克；锰 7 克/千克；锌 1 克/千克；镁 2 克/千克；硒 0.01 克/千克；钴 0.01 克/千克

适宜区域

本技术适用于油菜产地。

注意事项

（1）不要使用发霉变质的原料。

（2）晒干后的油菜秸质地粗硬，应当粉碎到 1~5 毫米以利饲用。氨化过程中应保持容器密封。

技术人员在指导油菜秸氨化

（3）油菜秸用量一般不超过 30% 为宜。油菜秸不宜饲喂繁殖家畜以及幼龄动物。

（4）饲喂动物前应取出暴露在空气中，待氨味散去后再行饲喂。喂量由少到多，让家畜逐步适应。

效益分析

氨化油菜秸秆成本低廉，方法简单，可作为牛羊的越冬饲料大量开发利用。氨化后的油菜秸使得饲料报酬率、产奶量和牲畜增重效果都有较大幅度的提高，充分体现油菜秸秆的利用价值。而且对拓宽饲料来源，减少环境污染有促进作用。

联系方式

技术依托单位：江西农业大学动物科技学院

联 系 人：欧阳克蕙

电子邮件：ouyangkehui@sina.com

花生秧肉牛饲料化利用技术

背景介绍

　　花生秧占花生生物量的 50% 以上，且营养丰富，粗蛋白质含量高达 12% 以上，是宝贵的生物资源。据不完全统计，每年我国花生秧的产量大约为 0.3 亿吨，且数量还在不断增加。但由于加工方式落后，目前我国的花生秸主要以晒干利用为主，营养成分流失很大。花生秸尽管营养物质丰富，但水溶性碳水化合物含量较低决定了其不宜单独青贮。皇竹草是南方牛场种植较多的一种禾本科牧草，其茎叶中含糖量高，且其生长高峰期与花生收获期一致，通过花生秸与皇竹草混贮，青贮效果好，青贮料营养价值高，饲养效果好。

花生秧－皇竹草混合青贮料

技术要点

　　适时收获：比正常时间提前 3~5 天收割，刈割高度 3~5 厘米，花生产量不受影响，花生秸的粗蛋白质可提高 15.4%，粗脂肪含量提高 120%，极大地提高其饲料价值。

　　混合青贮：在收花生前 3~5 天，割下地上部分进行青贮。若利用已收获的花生秸，必须尽快用铡刀切去根部再用。不必晾晒，以免茎叶过分干燥，水分缺失。新鲜花生秸与皇竹草切短或铡短成 3~5 厘米长，以 1∶4 的比例混合，并搅拌均匀。每吨青贮料添加 2.5 升青贮发酵剂，均匀喷洒在原料上。注意水分调节在

65%~75%（用手用力攥紧原料，手上可见水渍而没有水滴下）。按常规青贮技术密封青贮。

饲喂：青贮好的花生秸混贮料两个月后可以开窖取用。开窖后，为防止贮料霉坏变质，要从窖的一端开始开窖取料，并注意掌握好每天用量，喂多少取多少。当天取，当天喂完。每次取用后要及时将塑料膜盖严。用量：肉牛每天可喂2~5千克。地方黄牛母牛饲喂量2千克左右。

适宜地区

适宜于花生种植区域推广应用。特别在花生种植大省山东、河南、河北、广东、安徽、广西、四川、江苏、江西、湖南、湖北、福建、辽宁等地。

注意事项

（1）最好在花生收获前2~3天利用花生地上部分进行青贮，既不影响产量，又可以提高秸秆的营养价值。

（2）对于已经收获的花生秸，为了避免茎叶过分干燥而造成水分缺失，必须在收获后的1~2天内直接青贮。

（3）花生秸根部含有泥沙，牛羊采食后易发生口腔炎，最好切除根部后再加工利用。

效益分析

将花生秸与同期收获的皇竹草进行混贮，可以最大限度地保存原料的养分，提高利用价值，大大提高花生秸的利用率，减少了花生秸的抛洒及焚烧浪费和污染。既具有生产和经济效益，也具有一定的生态效益。

联系方式

技术依托单位：江西农业大学动物科技学院

联 系 人：欧阳克蕙

电子邮件：ouyangkehui@sina.com

花生秧—皇竹草青贮饲喂锦江黄牛母牛技术

背景介绍

青贮是保存粗饲料的一种较好的加工方法，该方法成本低、效益好、利用率高。青贮能否成功的关键因素是青贮原料中水溶性碳水化合物含量的高低，乳酸菌充分发酵与否将取决于此。青贮原料中的水溶性碳水化合物的含量一般要求不低于2%。花生秧尽管营养物质丰富，但水溶性碳水化合物含量较低决定了其不宜单独青贮。皇竹草的一种含碳水化合物较高的禾本科牧草，与花生秧混合青贮，青贮效果好，营养价值高。

花生秧—皇竹草混合青贮制备

技术要点

花生秧—皇竹草青贮料制备：在花生收获摘除果实后，于根颈处切断，取地上部分。在获得花生秧的当天刈割，刈割处于生长旺盛期的皇竹草。将获得的花生秧和皇竹草按 25∶75 的比例切碎混合，制成青贮包，其中不添加任何添加剂。

精料配制：玉米 45%，大麦 10%，麦麸 30%，豆粕 10%，磷酸氢钙 1%，食盐 0.5%，小苏打 1%。

饲喂：每天饲喂精料 1.2 千克 + 稻草 0.8 千克 + 啤酒糟 2 千克 + 青贮料 2 千克。

适宜区域

适宜于中国南方花生种植以及皇竹草种植区域推广应用。

注意事项

（1）新鲜花生秧与皇竹草混贮要求两者均需切碎、搅拌均匀，其混贮比例为 1∶3。

（2）有条件的地方，添加稀释 5 倍、20 倍的绿汁发酵液（PFJ）或单独加入乳酸菌制剂均能显著改善青贮原料品质。

效益分析

花生和皇竹草可同期收获，花生秧水分、碳水化合物含量均较低，而皇竹草的较高，因此将两者混贮最为理想，可以弥补两者的不足。将两者混合青贮，通过青贮原料间水分及营养物质相互补充，可以优化青贮饲料的品质，丰富青贮饲料的种类，提高饲料的营养价值，有效改善饲喂效果。

联系方式

技术依托单位：江西农业大学动物科技学院

联 系 人：欧阳克蕙

电子邮件：ouyangkehui@sina.com

青贮芦笋秸秆饲喂黄牛技术

背景介绍

芦笋有丰富的营养与药用价值，著称于世。然供人类食用的芦笋嫩芽仅占总产量（NP）的23.5%，其余76.5%的茎秆被当做废弃物任其腐烂，或就地焚烧，同时在芦笋加工工程中，仍会产生10%~30%的下脚料，导致极大的浪费。芦笋秸营养成分十分符合反刍动物的营养需要，具有极大的草食动物饲喂潜力。

技术要点

芦笋秸秆切断至3~5厘米，略微晾晒使干物质控制在65%~70%，然后进行青贮。青贮时要注意密封、压紧，防止暴晒和雨淋。60天后开窖（夏季可45天左右）。

开窖后控制青贮芦笋秸秆的干物质在30%以上，粗蛋白质在9%以上，则说明制作成功，可用作动物饲料。

饲喂黄牛犊牛时，精料可选择常规犊牛料。粗饲料可使用15%（占干物质）的青贮芦笋秸秆和60%的羊草（或其他干草）搭配饲喂。饲喂过程中要注意动物采食量的变化。如果饲喂过多的青贮芦笋秸秆，可能会因为日粮含水分过高，降低动物的采食量。青贮芦笋秸秆的适口性没有问题，动物喜爱采食。

适宜地区

南方芦笋产量集中地区。在集中的产地比较容易收集芦笋秸秆。

黄牛采食青贮芦笋秸秆饲料

注意事项

芦笋青贮如果发现有霉变区域，要及时清理霉变。防止饲喂动物霉变的饲料。青贮芦笋秸秆不宜饲喂过多，和干草配合饲喂效果较好。

另外最好在芦笋产地集中地区就地制作青贮，避免长途运输的费用及品质变化。

效益分析

开展青贮芦笋秸秆喂肉羊和肉牛，经过裹包青贮芦笋秸秆 60 天，干物质含量可达 32% 以上，推广头数累计达到羊 4 000 只，肉牛 500 头，可增加牛羊的采食量，日增重有显著增加，并且很好利用了芦笋秸秆资源，减轻了环境负担。

联系方式

技术依托单位：浙江农林大学

联 系 人：王　翀

电子邮箱：wangcong992@163.com

第二节　副产物在羊日粮中的应用技术

桑叶在羔羊饲料中配制利用技术

背景介绍

　　我国是传统的种桑养蚕大国，近年来，一方面，随着各地畜牧业的加快发展，饲粮饲料短缺问题越来越突出；另一方面，由于茧丝市场的供求变化、养蚕布局的不合理等原因，使桑园里的桑叶不能完全被利用，桑园荒芜失管，弃桑、毁桑现象较为严重，致使丰富的桑叶白白浪费。桑叶蛋白质是优良的蛋白质资源，同时，桑叶中的许多天然活性物质能够提高畜禽的抗病能力，充分利用剩余桑叶资源作为羔羊饲料，潜力大，价值高，具有广阔的应用前景。

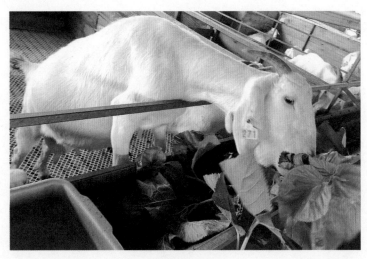

采食鲜桑叶的羊

技术要点

　　（1）桑叶用作羔羊饲料，可以鲜食也可以将其晒干、粉碎与其他饲料配合使用，但由于鲜桑叶水分含量比草类或其他树叶含量稍高，一般为70%左右，因此桑叶在羔羊日粮中的比例不宜太大，要配合其他饲料使用。

（2）将桑叶晒干、粉碎，以20%~30%的比例添加到羔羊饲料中，表现出体质增强、生长加快、肉质改善，同时降低饲料成本。同时，羊肉品质可以得到明显的改善，羊肉风味得到改善，并降低羊粪中氨的排放量。

（3）鲜桑叶含水量高，不宜长时间保存，通过加工调制技术延长桑叶使用

养殖户用新鲜桑叶喂羊

时间，提高桑叶的利用价值。目前桑叶加工调制技术主要采用青贮调制与干燥调制等技术。

适宜地区

本技术适用于桑树栽培的地区。

注意事项

（1）桑叶中含有的单宁、植物凝集素等抗营养因子，与菜籽饼等饲料混合饲喂出现负组合效应。

（2）可针对桑叶中存在的抗营养因子及有毒有害物质添加一些酶制剂、营养补充剂，或采用物理方法、微生物发酵等饲料加工工艺消除桑叶中抗营养因子及有毒物质对羔羊生长的影响。

效益分析

桑树鲜叶亩产量可达1 500~2 000千克，是优质的饲料资源。同时桑叶对羔羊有很好的适口性，且消化率高，达80%以上。饲养每只羔羊可降低生产成本20元以上。

联系方式

技术依托单位：安徽省农业科学院畜牧兽医研究所

联 系 人：江喜春　　**电子邮箱：**jxc76@aliyun.com

柑橘渣在羊饲料中的利用技术

背景介绍

　　我国是世界上主要的柑橘生产国之一，在四川，重庆等地区广泛栽培。以柑橘渣为原料，利用微生物进行发酵，有助于降低柑橘渣纤维含量，提高蛋白质、维生素等营养性成分。利用柑橘加工副产物资源开发肉羊饲料，不仅能保证肉羊的饲料供给，提供充足的营养，保证其正常发育，而且能"变废为宝"降低畜禽产品生产成本，提高养殖户的经济效益。对于发展节粮型畜牧业具有重要的研究与开发意义和前景。

技术要点

　　（1）干燥柑橘皮渣的总能（GE）、干物质（DM）、粗蛋白质（CP）、粗纤维（CF）、粗脂肪（EE）、粗灰分（Ash）、钙（Ca）、磷（P）、无氮浸出物（NFE）含量分别为14.20兆焦/千克、90.06%、6.35%、16.17%、3.05%、12.23%、4.32%、0.12%和52.26%。

　　（2）羔羊二月龄断奶后，采用玉米—豆粕—苜蓿颗粒饲粮饲喂，用一定比例柑橘渣等量替代玉米，饲喂至四月龄。在羔羊饲粮中添加15%柑橘皮渣替代等量玉米，改善了羔羊的生长性能，柑橘皮渣最大替代玉米的比例为30%，最佳添加比例为15%。按照活羔羊市场价格36元/千克计算，对照组、15%柑橘皮渣替代玉米组、30%柑橘皮渣替代玉米组及45%柑橘皮渣替代玉米组每只羔羊收入分别为250.0元、292.0元、209.2元及208.6元。

柑橘渣替代玉米制成的羊颗粒饲料

适宜区域

　　南方柑橘产区。

柑橘渣饲喂乐至黑山羊

注意事项

（1）干燥柑橘皮渣钙含量高，注意饲粮钙的含量。

（2）注意柑橘渣的霉菌毒素含量。

效益分析

按照活羔羊市场价格 36 元 / 千克计算，对照组、15% 柑橘皮渣替代玉米组、30% 柑橘皮渣替代玉米组及 45% 柑橘皮渣替代玉米组每只羔羊收入分别为 250.0 元、292.0 元、209.2 元及 208.6 元。柑橘皮渣饲喂肉羊可变废为宝，而且其成本低于普通配合饲料或反刍动物精料，并可充分享受发酵功能饲料所带来的更多好处，扩大了饲料厂或养殖场的饲料来源，缓解人畜争粮的矛盾。

联系方式

技术依托单位： 西南民族大学

联 系 人： 黄艳玲

电子邮箱： swunhyl@yahoo.com.cn

发酵鲜食大豆秸秆在母羊日粮中的应用技术

背景介绍

　　鲜食大豆（也称毛豆）作为一种富含蛋白质、不饱和脂肪酸、粗纤维及各种人体必需营养元素的绿色保健蔬菜而深受人们的喜爱。鲜食大豆秸秆粗蛋白质含量较高，但水分和粗纤维含量也较高，不易保存和消化，目前尚没能被很好地利用。以复合益生菌发酵的鲜食大豆秸秆配制母羊 TMR 日粮，具有提高母羊日粮消化率和初乳品质、促进羔羊生长发育的作用。该项技术也适用于类似农副产品废弃物的利用。

饲喂母羊全混合颗粒料（TMR）的崇明白山羊

技术要点

发酵鲜食大豆秸秆按发明专利"复合益生菌发酵鲜食大豆秸秆制备饲料的方法"（申请号201410572723.9）制作。鲜食大豆秸秆粉碎后与水、复合益生菌、糖蜜等原料混合，搅拌均匀，密封，发酵，即可。

母羊全混合颗粒料（TMR）制作配方：发酵鲜食大豆秸秆35%~52.5%、玉米秸秆17.5%~35%、玉米粉20%、豆粕、食盐0.3%、母羊预混料1.5%，各组分粉碎按比例混合均匀，用饲料颗粒机制粒，在100~120℃热风下干燥至含水率小于12%，冷却至室温，包装，得到繁殖母羊全混合颗粒饲料。

适宜区域

鲜食大豆秸秆及同类农副产品废弃物产区。

注意事项

无颗粒饲料制作条件，也可生产成全混合日粮散料。

效益分析

母羊全混合颗粒料（TMR）可显著提高母羊日粮干物质、粗蛋白质、粗脂肪、有机物的表观消化率；提高羔羊的初生窝重和断奶窝重；显著降低母羊血清中尿素氮含量，并能显著提高母羊初乳中乳脂、乳蛋白、乳糖、乳总固形物和乳非脂固形物的含量，提高初生窝重和断奶窝重。

联系方式

技术依托单位：上海交通大学

联 系 人：徐建雄

电子邮箱：jxxu1962@sjtu.edu.cn

以混合发酵秸秆为原料的母羊全混合颗粒饲料生产技术

相对于非反刍动物，羊能利用更多的秸秆，与人类争粮食少。但未经处理的秸秆消化利用率低，尤其在采用精粗分饲的传统饲养方式时，不仅因挑食造成粗饲料的浪费，且由于精粗饲料在瘤胃内发酵不同步，降低了瘤胃微生物利用氮和碳合成菌体蛋白的效率，导致饲料利用率下降。

全混合日粮（TMR）技术是提供反刍动物均衡日粮的成功技术。与传统的精粗分饲法相比，TMR 将各种精粗饲料及其他添加物按一定粒度要求均匀混合，改善了粗饲料的适口性，提高了家畜采食量；家畜在任何时间采食的 TMR 都是营养均衡的，瘤胃内可利用碳水化合物与蛋白质的分解利用更趋于同步，从而使瘤胃 pH 值更加趋于稳定，有利于微生物的生长、繁殖，改善了瘤胃机能，提高了饲料利用率；TMR 可以掩盖适口性较差饲料的不良影响，使家畜不能挑食，从而减少了粗饲料的浪费，降低了饲料成本，便于养羊业的集约化生产。

饲喂本技术配制饲料的母羊和羔羊

本技术利用复合益生菌混合发酵大豆秸秆和玉米秸秆生产繁殖母羊全混合颗粒饲料，以解决秸秆利用度低，提高母羊繁殖性能和羔羊生产性能，促进肉羊业规模化发展。

（1）复合益生菌发酵剂菌种的制备。将植物乳杆菌 65~85 份、枯草芽孢杆菌 5~20 份、啤酒酵母 5~12 份、木霉

5~13 份按比例混合，其中，活菌总含量为 100 亿 / 克。

（2）混合发酵秸秆的制备。将大豆秸秆 280~580 份、玉米秸秆 380~650 份、麸皮 20~40 份、糖蜜 10~30 份粉碎混合，接种复合益生菌发酵剂菌种，搅拌均匀，密封，发酵，得到复合益生菌发酵的大豆秸秆和玉米秸秆混合物，即混合发酵秸秆。

（3）繁殖母羊全混合颗粒日粮的制备。混合发酵秸秆 630~705 份、玉米粉 150~192 份、DDGS 20~40 份、米糠 10~20 份、豆粕 50~67 份、菜籽粕 5~25 份、棉籽粕 5~28 份、食盐 2~3 份、石粉 5~10 份、磷酸氢钙 7~10 份和预混料 5~10 份，各组分按比例混合均匀，用饲料颗粒机制粒，在 100~120℃热风下干燥至含水率小于 12%，冷却至室温，包装，得到繁殖母羊全混合颗粒饲料。

适宜区域

大豆秸秆主产区、玉米秸秆主产区，也可用于其他类似农产品副产物地区。

注意事项

粉碎粒度需符合制作 TMR 要求，严格控制厌氧条件，寒冷季节可适当加温。

效益分析

繁殖母羊饲喂本技术配制的颗粒饲料，干物质消化率提高 13.25%、粗蛋白质消化率提高 8.7%，母羊初乳乳脂率提高 10.70%，乳蛋白提高 48.05%，羔羊初生重 7.18%，断奶重提高 16.36%，育成率提高 8.0%。

联系方式

技术依托单位：上海交通大学

联 系 人：徐建雄

电子邮箱：jxxu1962@sjtu.edu.cn

苎麻在羊饲料中的利用技术

背景介绍

苎麻（*Boehmerianivea*（L.）Gaudich.），又称为中国草，是荨麻科苎麻属多年生草本植物，同时又是一种湿草类速生性多叶植物，被用作优质纺织品已达数百年之久。由于化学纤维在逐步替代棉麻纤维，苎麻种植面积逐步递减。但是苎麻的营养价值十分丰富，粗蛋白质含量达到20%左右，苎麻蛋白质的氨基酸组成较为合理，赖氨酸含量较高，粗纤维含量低于18%，此外还含有丰富的类胡萝卜素、维生素 B_2 和钙，被建议作为高品质的青绿牧草用于家畜饲料中。2016年南方地区重点发展饲用苎麻被农业部列入全国种植业结构调整规划（2016—2020）。本技术系统分析了苎麻不同茬次营养成分和抗营养成分含量，探索了苎麻在肉羊全混合日粮中的适宜添加量，为苎麻资源在羊饲料中高效、合理的利用提供依据。

苎麻

技术要点

（1）苎麻的营养特性。苎麻每年可以收割7~8个茬次，每个茬次粗蛋白质含量均较高（18%~22%），但是粗蛋白质的含量随着茬次的增加呈现下降的趋势。苎麻的蛋白质品质较好，氨基酸总和平均值达到了16.40%，占粗蛋白质含量平均值的83.80%，赖氨酸的平均含量达到了0.84%，苏氨酸的平均含量达到了0.82%。苎麻钙的含量较高，平均含量达到了3.70%，而磷的平均含量仅为0.16%，钙磷比例不平衡。

麻园轮牧放养

（2）苎麻的抗营养特性。单宁可能是苎麻最主要的抗营养因子，平均含量达到了0.67%。有资料表明，苎麻对镉、砷等重金属有较强的富集作用，在使用矿区的苎麻饲喂动物时应特别注意其重金属含量。

（3）苎麻在羊饲料中的利用。羊只喜食新鲜的苎麻叶片，在麻园轮牧放养肉羊，苎麻可以作为其唯一粗饲料原料，每天早晨和傍晚补饲200~300克精料补充料即可得到较好的生长性能。

干燥后的苎麻嫩茎叶（根部以上80~100厘米时收割）在山羊全混合日粮中的适宜添加量为10%~20%。添加40%及以上时，饲料的适口性较差，羊只采食后会出现便秘、拉尿困难的病症。

适宜地区

湖北、湖南、江西、四川等苎麻主产区。

注意事项

（1）不使用腐烂、霉变的苎麻饲喂羊只。

（2）苎麻的钙磷含量不平衡，使用时需要额外补充磷酸氢钙对钙、磷进行平衡。

（3）使用含苎麻的全混合日粮时应注意换料过渡，换料时间应在7天以上。

苎麻全混合颗粒饲料养羊

效益分析

（1）经济效益分析。

① 麻改饲的经济效益分析。

现原麻市场价格为9.0元/千克，每亩地可产原麻200千克，则农户每亩地毛收入为1 800元，种植饲用苎麻，每亩地每年可产饲用苎麻8~10吨，按照250元/吨计算，每亩地毛收入可增加200元以上。

② 苎麻配制羔羊饲料的经济效益分析。

用苎麻替代羔羊全混合日粮中的部分苜蓿，按照40%替代计算，则每吨羔羊饲料可节约成本120元，一个年出栏1万只育肥羊的羊场饲料方面可以节约费用30万元以上。

（2）社会效益。湖北为例，现有麻园20万亩，坡耕地1 400多万亩，在麻园及10%坡耕地推广饲用苎麻，则可提高社会效益3.2亿元。推广1 000万只育肥羊使用苎麻型全混合日粮，则可提高社会效益3.0亿元。

（3）预期的生态效益。苎麻是国家水利部指定的南方水土保持植物，在坡耕地推广种植苎麻对保持水土，防止水土流失具有重要的意义。苎麻生产在脱胶过程中废水废渣污染较为严重，将苎麻转为饲用，避免了脱胶环节，使得苎麻产业对环境的污染问题有了较大幅度的缓解。

联系方式

技术依托单位：湖北省农业科学院畜牧兽医研究所

联 系 人：魏金涛

电子邮箱：jintao001@163.com

第三节　副产物在兔日粮中的应用技术

甘蔗梢高效饲喂肉兔技术

背景介绍

　　甘蔗是我国重要的经济作物之一，主要分布在中国的广东、台湾、广西、福建、四川、云南、江西、贵州、湖南、浙江、湖北、海南等南方 12 个省、自治区。甘蔗梢是甘蔗产业的主要副产物，俗称蔗尾，主要由嫩茎、叶鞘和叶片组成，质量占甘蔗产量的 20% 左右，全国每年甘蔗梢产量约为 2 000 万吨。经测定甘蔗梢含糖量高，纤维含量高，适口性好，是一种发展草食畜牧业很好的饲料资源，特别是在甘蔗收获期的 11 月至翌年 3 月，正值枯草期，利用甘蔗梢叶作青粗饲料，可以解决我国南方草食动物越冬度春饲料不足的矛盾，促进草食畜牧业规模养殖的发展，加快甘蔗梢的饲料化利用非常必要。

甘蔗

含甘蔗梢的配合饲料

（1）甘蔗梢的营养价值。甘蔗梢的总能（GE）、干物质（DM）、粗蛋白质（CP）、粗纤维（CF）、中性洗涤纤维（NDF）、酸性洗涤纤维（ADF）、粗脂肪（EE）、粗灰分（Ash）和无氮浸出物（NFE）含量分别为 16.80 兆焦 / 千克、89.40%、9.21%、32.60%、72.21%、38.12%、1.82%、6.70% 和 39.07%。

（2）甘蔗梢的肉兔用饲用价值。消化能为 6.82 兆焦 / 千克，肉兔对甘蔗梢中 GE、DM、CP、NFE、CF、NDF 和 ADF 消化率分别为 40.59%、65.61%、64.21%、72.36%、20.26%、52.35% 和 29.45%。

（3）甘蔗梢在生长兔饲粮中最大添加比例为 20%，最佳添加比例为 10%~15%；母兔最大添加比例为 15%，最佳添加比例 5%~10%。

适宜地区

本技术适用于我国南方甘蔗产区。

注意事项

（1）注意收割部位不同引起的营养成分差异。

（2）注意与其他原料的合理搭配，尤其是其他粗饲料组合。

效益分析

利用甘蔗梢叶作青粗饲料，可以解决我国南方草食动物越冬度春饲料不足的矛盾，促进草食畜牧业规模养殖的发展。

联系方式

技术依托单位：四川省畜牧科学研究院

联 系 人：郭志强

电子邮箱：ygzhiq@126.com

桑叶鲜喂商品肉兔技术

背景介绍

我国南方多数地区大都有种桑养蚕的传统，桑叶资源丰富。近年来，由于丝绸消费市场无法有效扩大，桑叶资源出现了供过于求的现象，部分地区桑叶剩余量占到总产量的40%以上。研究发现桑叶营养丰富，以干物质为基础，桑叶中粗蛋白质含量15%~30%，粗脂肪4%~10%，粗纤维8%~12%，无氮浸出物30%~35%，粗灰分8%~12%，钙1%~3%，磷0.3%~0.6%。桑叶作为非常规饲料资源，具有极大的开发潜力和利用价值。利用鲜桑叶饲喂肉兔不仅节约成本，而且可以有效利用桑叶的保健活性物质。

采集的鲜桑叶

技术要点

（1）桑叶的使用方法。采摘的桑叶与其他青草按比例搭配后一起晾晒半天至一天后方可使用，桑叶与青草的搭配比例（0.5~1）：1。每天饲喂2~3次，仔幼兔育肥期间全程桑叶平均采食量为100~150克，青草平均采食量为100~200克。

（2）配合饲料的使用方法。从补饲开始使用，补饲期间饲料自由采食，断奶后每天饲喂1~2次，控制饲喂，每天饲喂量为兔体重的5%左右，仔幼兔育肥期

鲜桑叶饲喂幼兔

间全程饲料平均采食量为50~100克。

（3）配合饲料（精料补充料）营养标准。粗蛋白质19.0%、粗纤维13.0%、消化能10.50兆焦/千克、粗脂肪2.2%。

适宜地区

种植桑叶的肉兔产区。

注意事项

（1）56天以前桑叶和青草尽量晾焉，以减少肠道疾病的发生；56天以后只需将桑叶和青草表面的水分晾干即可。

（2）加强球虫病的预防，减少由于球虫病引起的死亡。

效益分析

用鲜桑叶饲喂仔幼兔，提升南方地区桑叶的利用率，降低饲料成本，提高兔肉品质，既科学利用了资源，又保障了肉兔产业的健康发展，促进农民增收，社会效益显著；肉兔是节粮型草食家畜，采用"兔粪尿—沼气—果树"综合利用模式，减少了环境污染，生态效益显著。

联系方式

技术依托单位： 四川省畜牧科学研究院

联 系 人： 雷 岷

电子邮箱： llbm2004@qq.com

蚕沙饲喂肉兔技术

蚕沙是蚕粪与蚕食桑后剩下桑渣的混合物，其粗蛋白质含量12%~14%，粗纤维16%~18%，还含有叶绿素、胡萝卜素和低甲氧基果胶等功能性物质，是一种具有潜在开发利用价值的饲料资源，特别是蚕沙中纤维水平较高，对反刍动物和兔子而言，具有重要的意义。据统计，全国五大蚕区的干蚕沙年产量

蚕沙

达100万吨以上，居世界首位，产量巨大。我国蚕沙资源丰富，在草食家畜饲粮中科学利用蚕沙，既可节约资源，变废为宝，又可以降低饲养成本，提高养殖经济效益。

技术要点

（1）蚕沙的营养价值。蚕沙的干物质（DM）、粗蛋白质（CP）、粗纤维（CF）、中性洗涤纤维（NDF）、酸性洗涤纤维（ADF）、粗脂肪（EE）、粗灰分（Ash）和无氮浸出物（NFE）含量分别为84.75%、12.34%、17.37%、39.32%、27.87%、2.98%、17.57%和34.31%。

（2）蚕沙的肉兔用饲用价值。消化能为6.96兆焦/千克，肉兔对蚕沙中DM、CP、NFE、CF、NDF和ADF消化率分别为59.43%、70.74%、60.26%、36.30%、49.17%和32.20%。

（3）蚕沙在生长兔饲粮中最大添加比例为16%，最佳添加比例为8~10%；在

含蚕沙的配合饲料

母兔最大添加比例为12%，最佳添加比例6%~8%。

适宜地区

本技术适用于我国南方蚕沙产区。

注意事项

注意与其他原料的合理搭配，尤其是其他粗饲料组合。

效益分析

我国蚕沙资源丰富，在草食家畜饲粮中科学利用蚕沙，既可节约资源，变废为宝，又可以降低饲养成本，提高养殖经济效益。

联系方式

技术依托单位：四川省畜牧科学研究院

联 系 人：郭志强

电子邮箱：ygzhiq@126.com

柑橘渣在肉兔上高效利用技术

背景介绍

　　柑橘是全球仅次于小麦、玉米的世界第三大贸易农产品，全球年产量达 1 亿多吨，其中，40% 用于加工。每年保守估计我国产生 20 万~30 万吨的柑橘渣。柑橘渣不仅含有丰富的碳水化合物、脂肪、维生素、氨基酸和矿物质等营养成分，还有色素、黄酮类和类柠檬等解毒和抗菌物质，可促进动物采食量、提高生产性能、调节肠道消化功能和增加机体免疫力，是一种有开发潜力的新型饲料资源。南方地区是我国柑橘的主产区，也是加工主产区，柑橘渣资源丰富，同时南方地区也是我国肉兔主产区，如果能就近在肉兔上利用这些资源，可一举两得。

柑橘渣

技术要点

　　（1）柑橘渣的营养价值。总能（GE）、干物质（DM）、粗蛋白质（CP）、粗纤维（CF）、中性洗涤纤维（NDF）、酸性洗涤纤维（ADF）、酸性洗涤木质素（ADL）、粗脂肪（EE）、粗灰分（Ash）、钙（Ca）、磷（P）、无氮浸出物（NFE）和总氨基酸（AA）含量分别为 15.20 兆焦 / 千克、90.06%、6.82%、14.04%、19.85%、15.83%、2.04%、3.55%、5.67%、0.49%、0.12%、59.98% 和 5.49%

　　（2）柑橘渣肉兔用饲用价值。消化能为 11.02 兆焦 / 千克，肉兔对柑橘渣中

柑橘渣添加到配合饲料中饲喂生长兔

GE、DM、CP、NFE、CF、NDF 和 ADF 消化率分别为 72.5%、76.3%、70.7%、83.3%、38.9%、42.2% 和 33.4%。

（3）柑橘渣在生长兔饲粮中最大添加比例为 20%，最佳添加比例为 5%~10%；在母兔最大添加例为 15%，最佳添加比例 4%~8%。

适宜区域

南方肉兔产区。

注意事项

（1）注意与其他原料的合理搭配。

（2）注意柑橘渣的霉菌毒素含量。

（3）注意柑橘渣的加工品质。

效益分析

目前，在四川、重庆和贵州等地区的饲料企业推广柑橘渣饲料资源约 15 000 多吨，在技术开发前柑橘渣饲料资源每吨价格不到 500 元，大都丢弃，污染环境，技术开发后柑橘渣资源价格一路走高，从最初的 500 元 / 吨，到 800 元 / 吨，一直到目前的 1 200~1 300 元 / 吨，大幅度提高了柑橘渣的经济价值；饲料厂采用柑橘渣为兔饲料原料后，每吨可节约成本 30~50 元，降低成本效果明显。

联系方式

技术依托单位：四川省畜牧科学研究院

联 系 人：郭志强

电子邮箱：ygzhiq@126.com

茶叶渣饲喂肉兔技术

背景介绍

我国是世界产茶大国，茶叶在精细加工过程和深加工领域产生大量的副产品。据不完全统计，茶叶在生产过程中有大量副产品未被充分利用，每吨红茶产生副产品30~50千克，每吨绿茶产生副产品30千克。茶叶深加工的茶渣、茶末和茶树修剪的茶枝叶中含有较多可利用成分，若丢弃将造成资源浪费，而且大量茶叶废弃物也会对生态环境造成污染。据测定茶叶渣富含丰富的营养物

茶叶渣

质，蛋白质、粗纤维、多酚类、矿物质和维生素含量较高，其中蛋白质和粗纤维含量丰富，具有较高的饲用价值。我国南方地区是茶叶的主产区，茶叶渣资源相对丰富。肉兔是草食家畜，可以有效利用高蛋白高纤维的饲料资源，利用茶叶渣喂兔，有助于拓宽茶叶渣资源利用渠道，也有助于降低肉兔养殖成本。

技术要点

（1）茶叶渣的营养价值。茶叶渣的总能（GE）、干物质（DM）、粗蛋白质（CP）、粗纤维（CF）、中性洗涤纤维（NDF）、酸性洗涤纤维（ADF）、粗脂肪（EE）、粗灰分（Ash）和无氮浸出物（NFE）含量分别为17.17兆焦/千克、89.60%、22.50%、20.90%、35.54%、26.21%、2.10%、4.10%和40.00%。

（2）茶叶渣的肉兔用饲用价值。消化能为8.71兆焦/千克，肉兔对茶叶渣中GE、DM、CP、NFE、CF、NDF和ADF消化率分别为50.72%、60.21%、58.69%、71.68%、22.45%、32.24%和25.64%。

（3）茶叶渣在生长兔饲粮中最大添加比例为10%，最佳添加比例为5%~8%；母兔最大添加比例为15%，最佳添加比例5%~10%。

茶叶渣添加到配合饲料中饲喂生长兔

适宜地区

本技术适用于我国南方地区。

注意事项

（1）注意茶叶渣的霉菌毒素含量。

（2）注意茶叶渣的加工品质。

（3）注意茶叶渣中的抗营养因子。

效益分析

目前，在四川、重庆和贵州等地区的饲料企业推广茶叶渣饲料资源为10 000多吨，随着应用面的扩大，茶叶渣本身价格也有较大提高；饲料厂采用茶叶渣为兔饲料原料后，每吨可节约成本20~30元，效果明显。

联系方式

技术依托单位：四川省畜牧科学研究院

联 系 人：郭志强

电子邮箱：ygzhiq@126.com

第四节　副产物在鹅日粮中的应用技术

香蕉茎叶青贮及其在鹅上的饲料化使用技术

　　香蕉是芭蕉科芭蕉属单子叶的巨型草本植物、主要分布于热带、亚热带地区，终年可收获，是世界第四大粮食作物。我国是香蕉生产大国，产地主要为广东、广西、海南、福建、云南、贵州等地，我国 2004—2015 年香蕉的年产量总体呈上升态势，生产香蕉的同时也产生大量的香蕉茎叶，香蕉茎叶营养价值可观，其中

青贮香蕉茎叶的制作

无氮浸出物含量高为 50% 左右，是玉米秸秆的 2~3 倍，粗蛋白质含量与玉米秸秆相当，粗纤维含量不到玉米秸秆的 1/2，是一种拥有巨大潜在价值的饲料资源。

　　香蕉茎叶青贮方法，将香蕉茎叶粉碎，分为不同处理组，分别加入乳酸菌、纤维素酶、乳酸菌和纤维素酶，搅拌均匀后密封、发酵即可。本方法制备过程无需原料灭菌，发酵工艺简单，生产成本低。青贮香蕉茎叶的 pH 值低，粗纤维含量降低，并且提高了鹅对香蕉茎叶的代谢能。为香蕉茎叶的合理利用提供了参考依据。

采食青贮香蕉茎叶

适宜区域

全国香蕉种植区域、全国配合饲料加工企业、南方养鹅地区。

注意事项

香蕉生产具有季节性，青贮过程中要严格控制无氧条件，在配合饲料中使用以营养标准为前提，通过合理的加工处理，确定最经济用量。

效益分析

青贮香蕉茎叶烘干后饲喂1~21日龄四川白鹅，用量在8%以内时对四川白鹅生产性能无显著影响，青贮香蕉茎叶湿喂时，香蕉茎叶与其他饲粮的比例为1：3时，不会对四川白鹅造成负面影响。香蕉茎叶产量高，大部分被浪费，经过青贮后提高了其营养价值，改善了适口性，在鹅的饲粮中应用，可以提高采食量，减少资源浪费，节约饲料成本。

联系方式

技术依托单位：华南农业大学动物科技学院

联 系 人：杨 琳

电子邮箱：ylin@scau.edu.cn

桑叶粉饲料标准化生产及在鹅上的应用

背景介绍

我国是传统的种桑养蚕大国，桑树广泛分布于全国各地，桑叶资源十分丰富，桑叶作为一种蛋白质含量高，纤维含量相对较低同时富含微量元素的非常规新型饲料，桑叶干物质中的粗蛋白质质量分数高达 28%，其含量比禾本科牧草高 80% 以上，比热带豆科牧草高 40%~50%，是优良的蛋白质饲料。

技术要点

通过分析各地桑叶粉样品的营养成分含量、鹅代谢能值、有害物质含量，明确了各地桑叶粉原料质量差异，不同产地桑枝茎叶的表观代谢能和真代谢能均值变化范围分别为 3.0~4.2 兆焦 / 千克和 3.74~5.66 兆焦 / 千克，不同产地桑枝茎叶的中性洗涤纤维利用率、酸性洗涤纤维利用率、蛋白质真利用率均较低，为桑叶粉产品标准化生产与应用储备了技术参数，通过马岗鹅饲养试验，在 21~70 日龄马岗鹅饲粮中用量在 3% 时就会显著影响生长性能，建议在鹅饲粮中慎用桑叶粉。

适宜区域

全国桑叶种植区域、全国配合饲料加工企业、南方养鹅地区。

注意事项

桑叶粉产品标准以产地生产工艺为前提，在配合饲料中使用以营养标准为前提确定最佳量。

效益分析

桑树适应性强，适合种植的范围广，桑叶产量高，是优质的饲料原料资源，在清远鹅的饲粮中应用时，会显著降低鹅的脂肪含量，因此可在种鹅饲料中用于控制腹脂率，或作为饲料添加剂改善肉质风味。

联系方式

技术依托单位：华南农业大学动物科学学院

联 系 人：杨 琳　　　　　**电子邮箱：**ylin@scau.edu.cn

柑橘加工副产物饲料标准化生产及在鹅上的应用

　　柑橘果实的营养及综合经济价值在所有水果中属最高，特别适合资源化利用，柑橘果汁及罐头是世界上果汁和水果罐头中第一大加工产品，柑橘皮渣饲料也是世界上水果加工副产物中最大副产物资源。我国是世界第一大柑橘生产国，产量约占世界的1/4。根据柑橘加工生成残渣的种类，主要可以分为柑橘皮，柑橘渣，柑橘皮渣，脱胶柑橘渣、柑橘糖蜜、柑橘籽粉等。柑橘中不仅含有丰富的营养物质，还含有很多功能性活性物质如维生素C、类黄酮、类胡萝卜素及类柠檬苦素，而作为柑橘加工业的副产物，柑橘渣及柑橘皮渣也是一种营养价值丰富的潜在饲料资源。

技术要点

　　通过分析各地柑橘加工副产品样品的营养成分含量、氨基酸含量、鹅代谢能值、有害物质含量，明确了各地柑橘加工副产品原料质量差异，为柑橘加工副产品产品标准化生产与应用储备了技术参数，通过四川白鹅饲养试验，明确了柑橘加工副产品在鹅饲粮中的科学使用量。柑橘皮渣在四川白鹅饲粮中建议使用量为：1~21日龄为6%，22~70日龄在12%以下。

适宜区域

　　全国柑橘加工副产品生产企业、全国配合饲料加工企业、南方养鹅地区。

注意事项

　　柑橘加工副产品产品标准以产地生产工艺为前提，在配合饲料中使用以营养标准为前提确定最经济用量。

效益分析

　　我国每年将排出600多万吨的废渣。新鲜的柑橘皮渣或柑橘渣极易霉变发臭，填埋处理会造成环境的严重污染。在鹅的饲粮中应用柑橘皮渣可以节约成本，柑橘皮渣在1~21日龄四川白鹅饲粮中使用量为4%时，21日龄四川白鹅末重比对照组提高了 20 克，22~70 日龄在 12% 以内时，生长性能与对照组没有明显差异。

联系方式

技术依托单位：华南农业大学动物科学学院

联 系 人：杨　琳

电子邮箱：ylin@scau.edu.cn

木薯渣饲料标准化生产及在鹅上的应用

背景介绍

马铃薯、甘薯、木薯被称为世界三大薯，木薯作为三大薯之一，有"地下粮仓"、"特用作物"、"淀粉之王"等誉称。木薯广泛种植于热带的非洲、亚洲和拉丁美洲，木薯根富含淀粉，是发展中国家四大主要的粮食作物之一。木薯渣是木薯加工淀粉、酒精等后的下脚料，主要由木薯外部的皮和内部的薄壁组织组成。木薯渣中非氮化合物的含量以干物质计高达 78.7%，主要成分为可溶性淀粉化合物（单糖和淀粉），是很好的碳源。木薯渣中还含有多种有益畜禽健康的微量元素，如铜、锌、锰。木薯渣中干物质含量普遍高于其他能量饲料原料，木薯渣粗纤维含量较高，并且含有一定的粗脂肪。而且木薯渣的消化能（猪）、代谢能（鸡）都比三七糠高出许多，说明木薯渣的可利用价值高。木薯渣营养成分比较丰富，经过综合处理加工可生产木薯渣饲料，用以缓解饲料资源的紧张，降低饲养成本，减轻环境污染，具有很大的发展前景。

技术要点

通过分析各地木薯渣样品的营养成分含量、氨基酸含量、鹅代谢能值、有害物质含量，明确了各地木薯渣原料质量差异，为木薯渣产品标准化生产与应用储备了技术参数，通过鹅饲养试验，明确了木薯渣在鹅饲粮中的科学使用量：1~21日龄四川白鹅饲粮中使用木薯渣对生长性能有不良影响，建议使用量不超过2%。22~70日龄四川白鹅木薯渣建议用量在 20% 以内，适宜用量为 12%。

适宜区域

全国木薯渣生产企业、全国配合饲料加工企业、南方养鹅地区。

注意事项

木薯渣产品标准以产地生产工艺为前提，在配合饲料中使用以营养标准为前提确定最佳量。

效益分析

我国每年木薯渣产量总计达 150 万吨。大量的木薯渣没有得到有效利用，不仅是造成资源的浪费，所含废水还会对植被、土壤造成一定破坏，腐烂的过程中产生的毒气，影响环境造成污染，用在鹅饲粮中可以减轻环境污染、节约饲料成本。成年四川白鹅饲粮中木薯渣用量在 12% 时，70 日龄四川白鹅的体重可达 2 760.5 克，平均日增重达 83.16 克 / 天。

联系方式

技术依托单位：华南农业大学动物科学学院

联 系 人：杨　琳

电子邮箱：ylin@scau.edu.cn

甘蔗梢饲料标准化生产及在鹅上的应用

背景介绍

甘蔗梢是收获甘蔗时砍下顶上 2~3 个嫩节和青绿色叶片的统称，俗称"甘蔗尾"，重量约为蔗重的 10%，为甘蔗的副产品。甘蔗梢营养价值高，富含糖分和蛋白质，含有多种氨基酸和维生素 B_6，硫胺素，核黄素，烟酸和叶酸等多种维生素。甘蔗梢是南方甘蔗产区冬春枯草季节难能可贵的大宗青绿饲料，但常被随地甩掉废弃，待其自然晒干后纵火烧掉，目前，我国甘蔗梢的利用率还不到 10%，大部分被废弃，造成粗饲料资源的严重浪费。综合利用甘蔗副产物——甘蔗梢，对于大力发展糖业循环经济、延伸蔗糖产业链、提高资源综合利用率具有非常重要的意义。

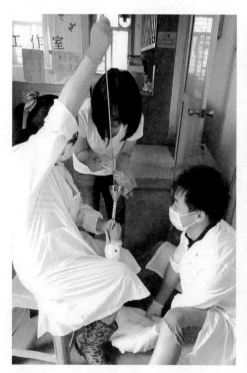

测定甘蔗梢在鹅上的养分利用率

技术要点

通过分析不同品种甘蔗梢样品的营养成分含量和黄曲霉毒素含量，明确不同品种原料质量差异，为甘蔗梢产品标准化生产与应用储备了技术参数，通过鹅代谢试验，得到鹅对不同品种甘蔗梢的代谢能和养分利用率，为甘蔗梢在鹅饲粮中的合理应用提供了数据参考。四川白鹅对不同品种甘蔗梢的能量真利用率的平均值为60.55%，真代谢能值平均值为4.68兆焦/千克，粗蛋白质真利用率平均值为67.38%，干物质真利用率平均值为59.46%，磷真利用率平均值为17.81%。

适宜区域

全国甘蔗梢生产企业、全国配合饲料加工企业、南方养鹅地区。

注意事项

甘蔗梢样品标准以品种和产地以及生产工艺为前提，在配合饲料中使用以营养标准为前提，确定最经济用量。

效益分析

甘蔗梢中粗纤维含量较高，水禽与鸡相比具有耐粗饲的特性，用甘蔗梢作为饲料原料喂鹅，其干物质和粗蛋白质的利用率较高。在鹅的饲粮中可以使用一定量的甘蔗梢，变废为宝，节约饲料成本。

联系方式

技术依托单位：华南农业大学动物科学学院

联 系 人：杨　琳

电子邮箱：ylin@scau.edu.cn

辣木粉饲料标准化生产及在鹅上的应用

背景介绍

辣木是一种热带经济作物，原产于印度、阿拉伯、非洲和东印度群岛。随着辣木相关研究的不断深入，辣木产业在国内的发展迅速。辣木种叶中粗蛋白质含量丰富，辣木中的矿物质含量也比一般植物高，特别是钙、铁、钾，含有 9 种无机元素，此外铁，铜元素含量也十分丰富，可以促进动物红细胞成熟。辣木各部分的矿物成分含量不同，钙和铁主要存在于叶和种子中。印度辣木根样品中的维生素 C 和钾元素的含量非常高。叶可煮食，是非常好的维生素来源。此外，辣木的药用价值很高，辣木叶片中含有皂苷（甙）类物质，许多中草药中的主要有效成分都含有皂苷。皂苷还具有抗菌、解热、镇静、抗癌等有价值的生物活性。

技术要点

通过分析两个品种辣木粉样品的营养成分含量、氨基酸含量、鸡鸭鹅代谢能值，明确了不同品种辣木粉原料质量差异，为辣木粉产品标准化生产与应用储备了技术参数，通过清远鹅饲养试验，明确了辣木粉在鹅饲粮中的科学使用量。辣木茎粉使用量在 6% 以上，会显著影响 22~70 日龄清远鹅的生长性能和屠宰性能。建议 22~70 日龄阶段辣木茎粉用量不超过 6%。

适宜区域

全国辣木粉生产企业、全国配合饲料加工企业、南方养鹅地区。

注意事项

辣木粉产品标准以不同成分为前提，在配合饲料中使用以营养标准为前提确定最佳量。

效益分析

成年清远鹅饲粮中辣木茎粉用量在 6% 时，70 天四川白鹅的体重为 3 414.9克，平均日采食量 225.6 克 / 天，平均日增重为 51.3 克 / 天。辣木含有多种中药活性成分，可用于改善鹅肉质及风味。

联系方式

      技术依托单位：华南农业大学动物科学学院

      联 系 人：杨　琳

      电子邮箱：ylin@scau.edu.cn

花生秧在鹅日粮中应用技术

背景介绍

　　花生秧是油料作物花生收获后剩余的茎叶。花生秧质地松软，富含粗蛋白质、粗脂肪、各种矿物质及维生素，而且适口性好。每年花生秧产量预计2 700万～3 000万吨，是一种潜在的非常规饲料资源。晾干或烘干处理后花生秧易于保存，可用作育肥期肉鹅养殖的潜在粗饲料。

技术要点

　　在分析花生秧常规营养成分含量的基础上，通过禁食排空强饲法研究获得了鹅对花生秧的代谢能和氨基酸消化率，为花生秧在鹅饲料中的合理使用提供了营养价值参数。同时，通过饲养试验研究了花生秧对鹅生长性能、屠宰性能及肉质的影响，明确了花生秧在肉鹅饲料中的适宜添加量。花生秧经烘干处理后可在肉鹅日粮中直接使用。花生秧在鹅饲料中的添加比例可达到3%，但不宜超过6%。

适宜区域

　　南方地区花生主产区及周边肉鹅主产区。

注意事项

　　应防止收集后的花生秧腐败变质。依据鹅营养需要标准确定其在鹅配合饲料中适宜用量。

联系方式

　　技术依托单位： 中国农业科学院北京畜牧兽医研究所

　　联 系 人： 谢　明

　　电子邮箱： caasxm@163.com

全脂米糠鹅在鹅日粮中应用技术

背景介绍

米糠是糙米碾白过程中被碾下的皮层及米胚和碎米的混合物。呈黄色，含油脂 14%~24%、蛋白质 12%~18%、无氮浸出物 33%~53%、水分 7%~14%、灰分 8%~12%。年产量超过 1 000 万吨。在南方水稻主产区可利用资源相当丰富，可在南方地区大规模推广使用。目前，米糠已经作为饲料原料应用于猪鸡配合饲料的生产，全脂米糠可能也是肉鹅精饲料配制中优良的饲料资源。

技术要点

在分析全脂米糠常规营养成分含量的基础上，通过禁食排空强饲法研究获得了鹅对全脂米糠的代谢能和氨基酸消化率，为全脂米糠在鹅饲料中的合理使用提供了营养价值参数。同时，通过饲养试验研究了全脂米糠对鹅生长性能、屠宰性能及肉质的影响，明确了全脂米糠在肉鹅饲料中的适宜添加量。全脂米糠在 28~70 日龄鹅饲料中添加比例可达到 18%。

适宜区域

全国特别是南方地区稻米主产区及肉鹅主产区。

注意事项

防止全脂米糠霉变，应依据鹅营养需要标准确定其在鹅配合饲料中适宜用量。

联系方式

技术依托单位：中国农业科学院北京畜牧兽医研究所

联 系 人：谢 明

电子邮箱：caasxm@163.com

棕榈粕在鹅日粮中应用技术

　　棕榈粕是热带植物棕榈树上的棕果脱壳榨取棕榈油后的副产品。棕榈粕不仅含有较高的蛋白质和丰富的矿物质，粗脂肪含量也较高，并且富含维生素及多种氨基酸。通常将其作为能量饲料使用。但棕榈粕粗纤维含量较高，限制了其在猪鸡等单胃动物饲料中的广泛使用。鹅是草食家禽，对纤维素的消化能力高于猪鸡。因此，在南方地区棕榈树种植地及棕榈油产地，将棕榈粕应用于肉鹅饲料的配制对因地制宜节约饲料资源将起到非常积极的作用。

技术要点

　　在分析棕榈粕常规营养成分含量的基础上，通过禁食排空强饲法研究获得了鹅对棕榈粕的代谢能和氨基酸消化率，为棕榈粕在鹅饲料中的合理使用提供了营养价值参数。同时，通过饲养试验研究了棕榈粕对鹅生长性能、屠宰性能及肉质的影响，明确了棕榈粕在肉鹅饲料中的适宜添加量。棕榈粕在28~70日龄鹅饲料中添加比例可达到20%。

适宜区域

　　南方地区棕榈树种植区及肉鹅主产区。

注意事项

　　依据鹅营养需要标准确定其在鹅配合饲料中适宜用量。

联系方式

　　技术依托单位：中国农业科学院北京畜牧兽医研究所

　　联 系 人：谢　明

　　电子邮件：caasxm@163.com

白酒糟在鹅日粮中应用技术

白酒糟是以高粱等粮食作物为主要原料，采用独特的固态发酵和固态蒸馏传统酿酒工艺制得白酒后的副产物。粗蛋白质含量达13%~27.5%，具有较高的饲料营养价值，目前，在生猪及肉鸭养殖中得到了一定应用。我国年产鲜酒糟2 000万吨左右。四川、贵州等南方地区是我国白酒的重要产地，白酒糟资源丰富。同时，南方地区也是我国肉鹅养殖及消费的重要区域。因此，因地制宜将白酒糟应用于肉鹅饲料配制对南方地区饲料资源的节约及开发利用具有积极的意义和作用。

白酒糟（鲜）

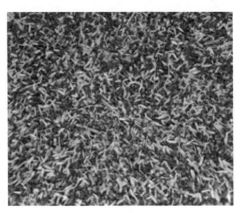

白酒糟（风干）

技术要点

在分析白酒糟常规营养成分含量的基础上，通过禁食排空强饲法研究获得了鹅对白酒糟的代谢能和氨基酸消化率，为白酒糟在鹅饲料中的合理使用提供了营养价值参数。同时，通过饲养试验研究了全脂米糠对鹅生长性能及屠宰性能的影响，明确了全脂米糠在肉鹅饲料中的适宜添加量。鹅饲料中白酒糟使用比例可达到14%。

适宜区域

南方地区白酒生产企业周边肉鹅主产区。

注意事项

应依据鹅营养需要标准确定其在鹅配合饲料中适宜用量。

联系方式

技术依托单位：中国农业科学院北京畜牧兽医研究所

联 系 人：谢　明

电子邮件：caasxm@163.com

发酵白酒糟饲料标准化生产及在鹅上的应用

背景介绍

　　随着经济的发展，酒糟产量明显增加，由于其含水量高，酸度高，易腐败变质，不能长期保存和运输，大部分就地堆积，既占用了空间，而且其中的酸性糟液对空气和地表水造成了严重的环境污染。近年来，酒糟资源的利用受到了科研工作者的重视。酒糟饲料化可从根本上解决酒糟的最终去向问题，而经过酵母等益生菌充分厌氧好氧发酵后的发酵酒糟粉含有丰富的活性肽、酵母自融物、益生菌体、功能性蛋白质、氨基酸、免疫多糖、维生素、矿物质、有机酸、酶类和其他活性物质，若将其作为动物饲料可改善动物对营养物质的消化吸收、提高饲料利用率、促进生产性能。

技术要点

　　将白酒糟经过接种 0.3% 酿酒酵母在适宜的水分、温度以及时间下发酵得到发酵白酒糟。通过分析白酒糟和发酵白酒糟常规营养成分可知，经过发酵的白酒糟营

采食发酵白酒糟饲料

养成分含量要优于白酒糟，粗蛋白质提高，粗纤维降低。通过代谢试验得到四川白鹅对白酒糟和发酵白酒糟的表观代谢能和真代谢能，四川白鹅对发酵白酒糟的代谢能和养分利用率要高于白酒糟，鹅对白酒糟和发酵白酒糟的正代谢能分别为 9.16 兆焦 / 千克和 8.20 兆焦 / 千克，干物质利用率分别为 40.30% 和 32.54%。为白酒糟和发酵白酒糟在鹅饲粮中的合理应用提供了数据参考。

适宜区域

全国白酒糟生产企业、全国配合饲料加工企业。

注意事项

要明确白酒糟以及发酵白酒糟的生产工艺，在配合饲料中使用以营养标准为前提，确定最经济用量。

效益分析

我国白酒生产企业多，白酒糟产量高，价格低，经过发酵的白酒糟含有活性成分，可以促进胃肠道的发育，提高动物对其的养分利用率。在鹅饲粮中使用白酒糟可以减少资源的浪费，节约成本。

联系方式

技术依托单位：华南农业大学动物科学学院

联 系 人：杨　琳

电子邮箱：ylin@scau.edu.cn

椰子粕饲料标准化生产及在鹅上的应用

背景介绍

　　椰子，原产于亚洲东南部、中美洲，与油茶、油棕、油橄榄并称为世界四大木本油料植物。椰子粕是椰子胚乳提取油脂后的副产物，粗蛋白质含量较低，含有较高的无氮浸出物，为54.84%，氨基酸种类齐全，但平衡性欠佳，蛋氨酸和赖氨酸偏低，谷氨酸和精氨酸偏高。椰子粕与豆粕相当，是一种较好的磷源补充饲料原料。

技术要点

　　通过分析不同产地椰子粕样品的干物质、粗蛋白质、粗脂肪、粗灰分、钙、总磷、粗纤维、中性洗涤纤维、酸性洗涤纤维；β-甘露聚糖、植酸磷、木聚糖总量、水溶性木聚糖，明确了各地椰子粕原料质量差异，为椰子粕产品标准化生产与应用储备了技术参数，通过代谢试验得到四川白鹅对椰子粕的代谢能以及养分利用率，通过鹅饲养试验，明确椰子粕在鹅饲粮中的科学使用量。

正在采食使用椰子粕的配合饲料

适宜区域

全国椰子粕生产企业、全国配合饲料加工企业、南方养鹅地区。

注意事项

椰子粕产品标准以产地生产工艺为前提，在配合饲料中使用以营养标准为前提确定最佳量，注意椰子粕中粗纤维含量较高，可以进行适当的处理后应用。

效益分析

21~70 日龄四川白鹅椰子粕推荐量可达 20%，可用于替代蛋白质饲料原料，节约饲料成本，可在四川、安徽等地推广。

联系方式

技术依托单位：华南农业大学动物科学学院

联 系 人：杨　琳

电子邮箱：ylin@scau.edu.cn

亚麻籽饼粕饲料标准化生产及在鹅上应用

背景介绍

　　亚麻亦称胡麻，是世界上十大油料作物品种之一。我国是世界上生产亚麻籽最多的国家之一，据统计，我国历年胡麻种植面积约 1 000 万亩，年产胡麻籽 50 万吨，其分布主要集中在西北和华北等地，主要有河北、内蒙古自治区、山西、新疆维吾尔自治区、黑龙江、宁夏回族自治区、云南、甘肃、山西等地区。亚麻籽饼粕是亚麻籽经过榨油之后的残渣，粗蛋白质含量丰富，精氨酸的含量较高，但是赖氨酸含量不足，因此在使用亚麻籽饼粕作为动物饲料时要与赖氨酸含量高的饲料搭配使用，以保证日粮氨基酸平衡，但因其含有抗营养因子和有毒成分而被大部分丢弃，造成资源的浪费。采用合适的方法对其进行加工处理可以增加其利用价值，扩大饲料的来源，降低饲料成本。

技术要点

　　通过分析不同产地亚麻饼粕样品的营养成分含量和抗营养因子 HCN 含量，明确了不同产地以及加工工艺原料质量差异，为亚麻籽饼粕标准化生产与应用储备了技术参数，通过鹅代谢试验，得到了鹅对不同产地亚麻籽饼粕的代谢能和养分利用率，为亚麻籽饼粕在鹅饲粮中的合理应用提供了数据参考。亚麻籽饼粕粗蛋白质含量较高，其变化范围在 28.34%~36.20%，含磷量高，四川白鹅对亚麻饼粕的 AME 的变化范围为 3.49~10.33 兆焦 / 千克，TME 的变化范围是 4.30~11.13 兆焦 / 千克。

适宜区域

　　全国亚麻种植区域、全国配合饲料加工企业。

注意事项

　　要明确亚麻籽饼的生产工艺，在配合饲料中使用以营养标准为前提，确定最安全、最经济用量。

效益分析

　　亚麻籽饼粕产量高，蛋白质含量丰富，是优质的粗蛋白质饲料原料，但是因为其含有抗营养因子限制了在饲粮中的应用。亚麻籽饼粕价格低廉，在饲粮中适宜水平使用可以扩大饲料原料来源，节约饲料成本。

联系方式

　　技术依托单位：华南农业大学动物科学学院

　　联　系　人：杨　琳

　　电子邮箱：ylin@scau.edu.cn

花生粕饲料标准化生产级在鹅上的应用

背景介绍

花生是世界主要的油料作物之一，生产分布广泛。国家粮油信息中心提供的数据显示 2014 年我国花生播种面积为 450 万公顷，花生总产量为 1 650 万吨。46%~48% 的花生用于榨油（王通等，2014），花生仁经有机溶剂提取或预压浸提法提取油脂得到副产物花生粕，出油率在 55% 左右，得到的花生粕约 44%，产量在 300 万 ~350 万吨。花生粕富含植物蛋白，约 48%，氨基酸种类齐全，含量丰富，组成和比例与谷物籽实蛋白质类似。

技术要点

通过分析不同产地花生粕样品的常规营养成分和氨基酸含量，明确不同产地花生粕原料营养成分含量的差异，为水禽饲料原料数据库提供参考，通过鹅代谢试验，得到鹅对不同产地的花生粕代谢能和养分利用率，通过饲养试验，为花生粕在鹅饲粮中的合理应用提供数据参考。鹅对花生粕的 AME、TME 的平均值分别为 15.20 兆焦 / 千克和 16.02 兆焦 / 千克，以饲粮中的黄曲霉毒素不超标为前提，综合考虑动物生长性能、屠宰性能、器官发育水平、血清生化指标和肝脏抗氧化指标，推荐在四川白鹅 1~21 日龄阶段，饲粮中花生粕的使用量可在 16% 以内，适宜用量为 8%；22~70 日龄阶段的使用量可在 20% 以内。

适宜区域

全国花生粕生产企业、全国配合饲料加工企业、南方养鹅地区。

注意事项

花生粕样品标准以品种和产地以及生产工艺为前提，在配合饲料中使用以营养标准为前提确定最经济用量。

效益分析

花生粕在全国产量巨大，营养价值高，可在全国范围推广。在 1~21 日龄四川白鹅饲粮中使用8%的花生粕，21日龄体重可达711克；在22~70天四川白鹅饲粮中使用16%的花生粕，70日龄体重达到2 100克。

联系方式

    技术依托单位：华南农业大学动物科学学院

    联 系 人：杨　琳

    电子邮箱：ylin@scau.edu.cn

菜籽粕饲料标准化生产及在鹅上的应用

背景介绍

油菜是世界主要的油料作物之一，在世界范围内其产量仅次于大豆，而在国内居首位。菜籽粕作为菜籽浸提或者预压浸提油脂后的副产物，其粗蛋白质含量在35%~40%。氨基酸种类齐全，配比平衡，与豆粕相比较，除赖氨酸含量低于豆粕外，其他氨基酸含量与豆粕近似，而含硫氨基酸含量略高于豆粕，所以两种粕混合使用可以起到很好的蛋白质和氨基酸互补效果。因此，充分认识并高效利用菜籽粕资源，对缓解我国蛋白质资源紧张，促进畜牧业的发展将起到重要作用。

技术要点

通过对不同产区菜籽粕的化学分析，了解不同产区菜籽粕的养分及抗营养因子的变化规律；通过代谢试验测定不同产区菜籽粕对狮头鹅的营养价值，以完善鹅饲料原料的营养价值参数；通过研究不同水平印度菜籽粕饲粮对狮头鹅生长性能、屠宰性能、机体损伤、肠道发育、肌肉品质以及组织中毒素残留的影响，为菜籽粕在鹅实际生产中的合理应用提供科学理论依据。

适宜区域

全国菜籽粕生产企业、全国配合饲料加工企业、南方养鹅地区。

注意事项

在配合饲料中使用以营养标准为前提确定最安全、最经济用量。

印度菜籽粕样品

成年狮头鹅

效益分析

在 21~70 日龄狮头鹅饲粮中的使用比例控制在 10% 以内。使用一定量菜籽粕可降低饲料成本，节约蛋白质饲料原料。

联系方式

技术依托单位：华南农业大学动物科学学院

联 系 人：杨　琳

电子邮箱：ylin@scau.edu.cn